从零开始

打造

月季花园

（日）河合伸志　主编

周百黎　张春辉　洪筱菡　译

化学工业出版社

·北京·

图书在版编目（CIP）数据

从零开始打造月季花园 /（日）河合伸志主编；周百黎，张春辉，洪筱菡译. —北京：化学工业出版社，2021.8
ISBN 978-7-122-39269-5

Ⅰ. ①从… Ⅱ. ①河…②周…③张…④洪… Ⅲ. ①月季-观赏园艺 Ⅳ. ① S685.12

中国版本图书馆 CIP 数据核字（2021）第 105844 号

责任编辑：孙晓梅　　装帧设计：张　辉
责任校对：王素芹

出版发行：化学工业出版社（北京市东城区青年湖南街13号　邮政编码100011）
印　　装：中煤（北京）印务有限公司
880mm×1092mm　1/16　印张8¼　字数300千字　2021年9月北京第1版第1次印刷

购书咨询：010-64518888　　售后服务：010-64518899
网　　址：http://www.cip.com.cn
凡购买本书，如有缺损质量问题，本社销售中心负责调换。

定　　价：78.00元　

关于混合种植的推荐

我从小就喜欢植物，多年以来，花园对于我而言，就是种植植物的苗圃。

每天我都在考虑如何在有限的空间内种下更多的植物。就在这个时候，我见到了一座花园，那里各种植物完美地组合在一起盛开。虽然没有种月季，但那个种满各种植物的花园绝对不是一个苗圃，而是一道美丽的风景。

从那时起，我开始意识到植物是可以组合的。最终，它们与我对月季的了解以及对植物的狂热追求相结合，形成了我自己的种植风格。

这次作为主要拍摄地点的横滨英国花园就是我根据这样的种植理念设计的，以月季为中心，四季都有各种各样的花朵盛开着。月季本身已经足够美丽，但是为月季搭配上起辅助作用的花草后，更能凸显月季的美感。另外，在月季没有开花的时候，这些花草也可以起到补充作用，让花园的美得以延续。所以，尝试在月季旁边种上其他的植物吧，你会收获一个四季皆美的花园。

在本书中，我希望通过我们的花园案例，为读者提供“打造月季与其他植物共存的花园”的灵感和建议。

河合伸志

‘爱尔兰奶油’月季和‘魅力’铁线莲

目录

第1章 用月季和其他花草实现花园的全年美丽计划

沐浴着春光成长的
月季花蕾和嫩叶。
看着令人满心雀跃，
开花的日子就要到了。

等待月季开花的季节也可以绚丽华美

月季的盛花期
在5月，
在此之前，
装点花园的
是早春到春季的
草花。
特别是球根植物，
好像要宣告
春天到来一般，
开放出
生机勃勃的花朵，
无论是存在感
还是华美感
都是满点。

月季的嫩茎
和初展的新叶，
也为月季开花前
的这段时期
提供了
观赏的亮点。

被牵引好的藤本月季枝条姿态优美，魅力无穷。
在它们脚下种上彩叶植物和球根植物，
挂上吊篮组合盆栽，就像一幅画般动人。
月季开花后，就会变成右图的美丽风景。

月季的
嫩茎和新叶，
有的
泛红色，
有的
是嫩绿色，
各有各的个性。
有些品种
还会有
彩叶植物般
的美感。

月季从牵引的
枝条上
展开新叶的样子，
在春季花朵的
背景中
光彩熠熠。

作为地被植物的匍匐筋骨草和轻飘飘的勿忘草等小花，
为华丽的郁金香增添了温柔的气息。
郁金香和其他花草的颜色搭配，
是考验园艺师品位的关键。

‘冷静 / 慢慢来’月季、‘卡拉多纳’林荫鼠尾草
与初开的绣球交织而成的风景。

左上：‘鹅匠’月季和奥莱芹（蕾丝花）
右上：‘中央舞台’月季（前方）、‘小蔓玫’月季（后方）和‘宝塔’铁线莲
右下：未命名月季和紫柳穿鱼
下：‘可可洛可’月季和兔尾草

欣赏月季与其他花草争艳

月季终于开始绽放，
一年中最华丽的季节
拉开了帷幕。
月季本身已经美不胜收，
而通过在月季附近种植
与月季相互衬托的植物，
可以打造出
更加华丽而丰富的景致。
选用月季所没有的
形状、质感和色彩的植物，
有意识地营造
高低差和进深的变化。
根据组合的不同，
花园也会变得富于戏剧性。
让我们一起来享受
月季和其他花草演绎出的和谐乐章吧。

右页
牵引到塔形花架上的‘浪漫古董’月季、‘亚历山德拉公主 / 肯特公主’月季（前方左）和‘樱岛’月季（前方右），周围配植了奥莱芹（蕾丝花）、毛剪秋罗、‘白露锦’杞柳和加勒比飞蓬等。

被牵引到月季栅栏附近的紫叶葡萄

月季花期结束后也不会寂寥

盛夏时节，
正值月季第一茬花的
残花修剪结束
到第二茬花绽放的中间期，
休眠的品种越来越多。
此时，
巧妙地运用
与月季交替开放的
草花和小灌木等，
花园就不会变得寂寥。
考虑花期的轮流更替，
在种植的植物选择上
多花些功夫吧。

绣球花很有分量感，
可以接替月季的第一茬花，
成为花园的主角。
在月季的间隙和前方
种上夏天开花的萱草，
以及百合等夏花球根植物，
花园的风景就不会变得寂寞。

从夏季到秋季持续开放的长春花

将夏日装点得绚丽多彩的萱草

同色系的月季和大丽花

波斯菊和月季打造的秋日风景

在略带粉红色的‘腮红冰山’月季脚下，
波斯菊和‘重瓣樱桃红’小百日草竞相开放。
具有浪漫气息的淡粉色月季，
在秋天也给人一种丰润与沉稳的感觉。

用秋日的月季谢幕

在气温逐渐下降的秋天
绽放的月季花，
与春天相比，
即使是相同的品种，
颜色也会变深，
与春花有着不同的魅力。
另外，
气温低的时候，
花能开得更久，
可以细细品味，
这也是秋月季的魅力所在。
它们和秋天的其他花草一起，
为花园打造出别有风情的景色。

紫海棠的果实
令人感受到
这是一个收获的季节

从零开始打造月季与其他花草的花园

即将建造月季与其他花草的花园的花坛空地

怎样才能把一个空花坛变成月季与其他花草的花园呢？下面我们来学习河合老师的花园营造技巧，冬天开始种植，春天就可以欣赏到美丽的风景。

不要错过购买花苗和球根的时机

这次的新花园的所在地是一个相对阳光明媚的花坛。我们的目标是活用花坛中以前种植的树木，打造一个月季、多年生草本植物、一年生草本植物和灌木和谐共生的花园。

从 11 月下旬到次年 2 月是从零开始建造月季和其他花草的花园的最佳时间，这也是定植月季大苗的最佳时间。

月季大苗一般从 10 月左右开始销售，最好能在那时之前做好种植规划，并考虑好要购买哪些品种。如果购买时间太迟，可能无法买到想要的品种，最好提前预订。

至于风信子和郁金香之类的种球，在深秋的时候也会出现人气品种售罄的情况。如果对颜色、花型等的要求较高，建议在上市高峰期购买。

许多宿根花卉的幼苗在春季也会大量上市出售，但如果可能的话，尽量在秋季购买和种植。这是因为在秋季种植，植物将在冬季生根，会比春季种植的植物长得更加茁壮。有的品种如果秋季买不到花苗，也可以在春季补植。

多参观一些花园，有助于进行花园规划

有关花园规划的详细介绍，请参阅第 10 页。现在，我们首先要设想自己想要一个什么样的花园。访问一些月季与其他花草共生的月季花园、开放的私家花园等，通过查看实际的花园景象，会对我们做规划有很大帮助。

在寒冷的季节开始建造花园是挺辛苦的一件事，但头脑中想象着春季月季盛开的景色，寒冷与艰辛就会随风而散。冬天是种植月季的重要时期，请务必在这个时期，克服严寒，开始花园建设！

准备

在实际种植之前，先将花坛的土壤准备好。首先对土壤进行翻耕，翻耕的深度为 30cm 左右，让土壤软化蓬松。之后再加入约占土壤体积的 30％的有机肥，与土壤混合均匀。

有机肥有多种类型，例如牛粪堆肥和马粪堆肥。注意一定要使用完全腐熟的堆肥。摸起来手感温暖和冒热气是没有完全腐熟的标志。避免在将未完全腐熟的堆肥与土壤混合后立即种植植物，因为这样会对根部产生不利影响。

如果土壤是黏性的，则有必要认真考虑改良土壤的方案，可根据土质的不同，加入适量的珍珠岩等，以改善排水性和透气性。另外，如果是新建的房屋，房子附近的土壤可能会被重型机械压到板结，有时还会混入混凝土等建筑废物。如果觉得自己难以处理，且经济条件允许的情况下，可以请园林绿化公司来整备好土地的基础。

本次建造花园的地方有一个窨井盖，不能用土壤覆盖，所以我们在井盖上放置了一个花盆，并用地被植物柔化边缘，需要时可以随时移动花盆，露出井盖。

1 预先翻耕好花坛，分几个地方撒上堆肥。

2 用铁锹摊开堆肥。

3 一边对土壤进行翻耕，一边把堆肥混进土壤中。

4 混入所有的堆肥、土壤整体翻耕完后的状态。

5 放置花园的构造物。因为花坛里有一个窨井，所以在上面设置了一个陶罐形的花盆。

月季和其他花草的种植规划

根据光照等条件选择品种

在规划花园的时候，把握花园的朝向和通风等条件是非常重要的。观察太阳的轨迹，哪个季节哪里光照好、哪里是半阴，院子里有没有树荫……根据这些条件，考虑好在哪里种、种什么。

这次建造花园的花坛的背景是一面板墙，处于花园用地的西侧。因此，从上午开始，整个白天花坛的光照都很充足。但因为左侧有一株很大的樱花树，所以从春天到秋天左边一直处于半阴的状态。因此，我们决定在樱花附近种植‘晚安’‘黑王子’等月季品种，这些品种在阳光直射下花瓣容易受伤，导致开花不佳，适合种植在半阴环境中。

被称为黑月季的深红色月季，很多在直射阳光下会发生晒伤问题。另外，‘紫玉’等深紫色月季也会因为在阳光下温度过高而难以显露出美丽的颜色。把这些品种种植在半阴（阳光透过树叶照下）处，花色会更加美观。

（新种植的月季）

1‘黑王子’Cl
2‘晚安’Bu
3‘苹果挞’Bu
4‘希斯克利夫’S
5‘红色达芬奇’S
6‘琥珀之光’Bu
7‘月季之美’Bu
8‘花花公主’Bu
9‘汉斯 · 戈纳文’S
10‘达芙妮’S
11‘爱的芬芳’Bu
12‘米歇尔 · 玫昂’Bu
13‘美丽女士’Bu
14‘珍珠’Bu
15‘卷心菜旅馆’Bu
16‘玛丽 · 安托万夫人’Bu
17‘加茂’Bu
18‘海蒂’Bu
19‘铃之妖精’Bu
20‘涟漪’Bu

（原有的月季）

A 迷你藤本月季（未命名）Cl
B‘花毯’Cl
C‘爱情结’Cl
D‘好日子’Cl
E‘珍珠门 / 天堂之门’Cl

S = 可藤可灌株型（有的书中译为灌木株型）（半藤本）
Cl = 藤本株型（藤本）
Bu = 直立株型（直立灌木）

* 有关分类的详细资料，请参见第 26 页。

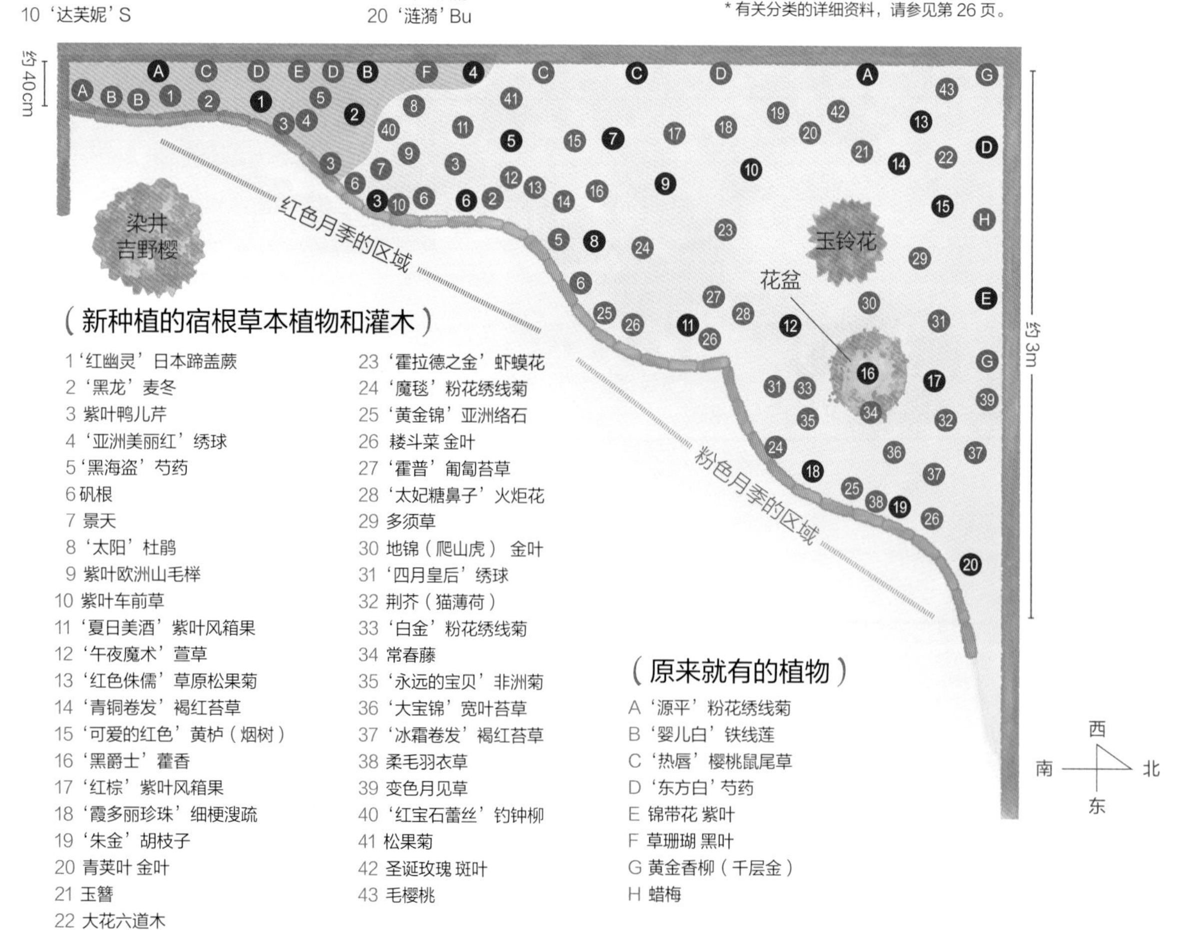

※ 将郁金香和风信子等的球根种在花坛前方。※ 在宿根花卉之间种植一年生草本植物，例如三色堇、角堇和勿忘草等。

注意高低差、体积和色彩

种植月季的时候，为了让庭院看起来更立体，注意高低差是很重要的。在花坛前方种植低矮、紧凑的品种，后方种植较高的直立株型月季或是可藤可灌株型（灌木株型）月季。株高在 1 米左右的‘汉斯·戈纳文’月季，如果想让它显得更加丰满，就需要 2 株一组来种植。

因为花盆本身有高度，所以容易成为视线焦点。花盆里种植的月季品种是‘玛丽・安托万夫人’，它株形紧凑、枝条柔软、伸展性好，而且垂头开放，在有高度的容器里，花朵的样子可以看得更加清楚。

染井吉野樱的附近种植了很多红色系的月季，像涂抹渐变色一样，向花坛的右侧逐渐变成粉红色。这样设计的效果是：在阳光充足的区域，浅色花朵给人一种明亮清爽的印象，而在半阴的区域，深色花朵给人一种沉稳优雅的印象。左后方深色的月季比较多，强调出远近感，看起来有深度比实际更深的效果。

（新种植的主要月季品种）

1 **‘黑王子’**
藤本株型（藤本性）
花径约 10cm/ 藤长约 2.5m
强香 / 重复开花

4 **‘希斯克利夫’**
可藤可灌株型（直立性）
花径约 10cm/ 株高约 1.4m
中香 / 四季开花 ~ 重复开花

8 **‘花花公主’**
直立株型（横张性）
花径约 8cm/ 株高约 1m
微香 / 四季开花

11 **‘爱的芬芳’**
直立株型（横张性）
花径约 6cm/ 株高约 0.8m
强香 / 四季开花

17 **‘加茂’**
直立株型（半横张性）
花径约 10cm/ 株高约 1m
微香 / 四季开花

2 **‘晚安’**
直立株型（半横张性）
花径约 9cm/ 株高约 0.8m
中香 / 四季开花

5 **‘红色达芬奇’**
可藤可灌株型（开张型）
花径约 6cm/ 株高约 1.4m
微香 / 四季开花 ~ 重复开花

9 **‘汉斯 · 戈纳文’**
可藤可灌株型（开张型）
花径约 6cm/ 株高约 1m
微香 / 四季开花

13 **‘美丽女士’**
直立株型（直立性）
花径约 10cm/ 株高约 1.3m
微香 / 四季开花

18 **‘海蒂’**
直立株型（半直立性）
花径约 5cm/ 株高约 0.7m
微香 / 四季开花

3 **‘苹果挞’**
直立株型（半直立性）
花径 5 ~ 6cm/ 株高约 0.5m
微香 / 四季开花

6 **‘琥珀之光’**
直立株型（半直立性）
花径约 5cm/ 株高约 0.7m
微香 / 四季开花

10 **‘达芙妮’**
可藤可灌株型（开张型）
花径约 7cm/ 株高约 1.3m
中香 / 四季开花 ~ 重复开花

16 **‘玛丽·安托万夫人’**
直立株型（半横张性）
花径约 8cm/ 株高约 1m
中香 / 四季开花

19 **‘铃之妖精’**
直立株型（半直立性）
花径约 5cm/ 株高约 0.4m
中香 / 四季开花

种植月季

种植好之后，不要忘记防寒措施

种植月季大苗是以月季休眠期的 11 月下旬到次年 2 月为最佳时期(关东以西的平原，气候类似我国东南沿海地区)。种植的时候，种植坑的大小根据土质的不同会稍有差异，但以直径 50cm、深度 50cm 左右的大小最为理想。因为根部最初生长部分的土壤得到充分改良的话，植株更容易顺利成长。

种植大苗(裸根苗)后的防寒也很重要，之所以这么说，是因为裸根苗在从地里挖出来时根部被剪断了，所以对寒冷的抵抗力比较弱。特别是在有强霜和寒风的地区，以及气温较低的地区，最好缠上无纺布，做好防寒措施。盆栽苗的根部没有受过伤，所以没必要那么小心。

在寒冷地区和积雪地区，大苗(裸根苗)要先用花盆假植，放在不会受冻的地方越冬，和其他盆栽苗一样，入春后再下地栽种。

【准备】

把要种植的花苗连盆一起摆在花坛中，观察整体的平衡。

【种植实例】

'花花公主'月季的大苗。进口苗在运输阶段的时间较长，可能会比较干燥，所以最好预先用加入活力剂的水浸泡。

【种植的顺序】

1

挖掘种植坑。因为想改良根部生长部分的土壤，所以最好挖一个直径 50cm、深度 50cm 左右的坑。

2

在种植坑里放入约 500g 发酵油粕(最好是添加骨粉的)和约 2L 的堆肥(直径、深度各 50cm 的坑所需的量)，混合均匀。

3 把挖出的土与约 10L 堆肥(直径、深度各 50cm 的坑的用量)混合均匀。这样整体土壤中就有约 30% 的有机物。混合好后，将适量土填回坑里。

4 把植株放到种植坑里，周围回填土壤。

5 把土填回到地面高度，在周围做一个甜甜圈状的堤坝。

6 把水灌入堤坝内侧，大约一桶水就够了。水灌入到一定程度后，轻轻摇动花苗，土会进入根部的缝隙里。

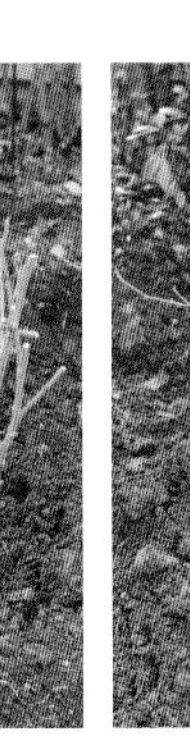

7 水完全渗入土壤后，再次往堤坝内侧充分灌水一次。

8 水再次完全渗入土壤后，为了防止花苗被初春的强风吹倒，要竖立支柱。为了避免支柱在开花的时候影响美观，尽量插低一些。把枝条用绳子固定在支柱上。

9 用麻绳把枝条束缚起来。这样缠无纺布就比较容易了。

10 把周围的土拢过来，盖上无纺布，用麻绳轻轻绑好。根系受损的花苗在栽种第1年怕冷，为了防寒，这项工作必不可少。

11 缠好无纺布后，把剩下的土拢到无纺布边，盖住无纺布的下摆。在气温回暖后的3月上旬卸下无纺布即可。

种植完毕

种植其他花草

观察整体的平衡
决定好种植的位置

这次和月季一起种植的花草包括灌木、多年生草本植物和一年生草本植物等。

首先把紫叶风箱果、大花六道木和多须草等株高较高的小灌木和宿根草本植物配置在背景的位置，前方种上株高较矮的耧斗菜和荆芥（猫薄荷）。粉花绣线菊等彩叶植物，在配置时要考虑好颜色的和谐。

春天，花园的主角是风信子、三色堇和角堇。由于有很多粉红色的月季，我们在花坛边缘种植了粉红色的风信子种球，以统合观感。风信子要休眠过冬，最好将其种植在难以挖掘到的地方，例如个头较为低矮的常绿植物‘黑龙’麦冬等之间。为了避免冬季到春季之间景色萧瑟，还种了粉色和红色系的三色堇和角堇。

建造花坛时，我们加入了很多堆肥，因此种植时不用再添加肥料，根据生长情况追肥就可以。种植后，彻底浇水。

【准备】

将要种植的花苗连盆放入花坛里，确认整体的平衡。在宿根草本植物的间隙和花坛的前方种上风信子和郁金香种球。

【深根性宿根草本植物】

挖种植坑。

将宿根草本植物‘红宝石蕾丝’钓钟柳连盆放入坑中，确认深度，之后脱盆种植。

每年两次整理和更换一年生草本植物

进入 5 月之后，三色堇和角堇这类从晚秋到春季的草花株形变得凌乱，还能继续开花的植株，可以暂时留下来，与月季一起欣赏。之后，选择适当的时机拔除，替换上夏季到秋季的草花。

种植一年生草本植物的地方养分消耗快，要加入基肥和堆肥轻轻翻耕后再种植新苗。夏季到秋季开花的一年生草本植物，在进入 11 月后拔掉，用同样的方法换上晚秋到春季的草花。

多数的宿根草本植物种植后 2 ~ 3 年不用移植，可根据生长状态灵活把握移植时间，最好 2 ~ 3 年分株一次来更新植株。

5 月下旬 ~ 7 月追加的植物

- 长春花
- ‘重瓣樱桃红’小百日草
- 彩叶草
- 夏堇
- ‘草莓田’千日红
- 波斯菊幼苗

【地上部分会枯萎的宿根草本植物】

地上部分会枯萎的铁线莲花苗，为了避免找不到种植的位置，可以竖立牵引用的支柱来标记，并标注上品种名。

【根系盘结的情况】

种植根系盘结的‘黑龙’麦冬。即使根系盘结，有些类别的植物也可以原样种植，不必损伤根系。

【种植种球】

在花坛边缘附近种植风信子种球。种在这里不容易受花草移植的影响，可以防止被挖到。

花草的基本养护知识

摘除残花

一年生草本植物和宿根草本植物的花枯萎时，尽快用园艺剪刀或手摘除，留下残花会结果实消耗能量，并缩短开花期。如果呈花穗状开花，则在开花结束时将其在花穗根部剪下。掉落的花瓣会生长霉菌，三色堇和凤仙花的植株特别容易受伤害，要捡起残花花瓣扔掉。为了长时间欣赏到一年生草本植物的花朵，需要勤快地摘除残花并及时追肥。

三色堇和角堇的残花要在花茎根部剪掉。

花后的球根植物

对于风信子和洋水仙等球根植物，在花开败时仅剪除残花，尽量留下茎和叶子，这样可以促进光合作用让球根肥大。另外有些球根不耐病毒病，剪掉残花时尽量不要用剪刀，而要用手摘。

修剪

月季周围的宿根草本植物和灌木太过茂盛，会导致通风不良，影响月季生长，应及时进行修剪。请注意，如果修剪时间不正确，有些类别的植物将不会再开花。

完全长满的荆芥（猫薄荷），在夏季之前通过修剪将株高降低一半。

3月
March

初展开的月季叶子

早春的主角是风信子

为花坛装点上粉色边缘的风信子，
以鲜艳的颜色为主，还添加了一些浅淡的色彩。
带有红色的月季新芽和三色堇是同色系，有统一感，
可以感受到沉稳而华丽的氛围，与樱花也相映成趣。

三色堇

圣诞玫瑰　斑叶

青荚叶（金色的叶芽刚刚冒出）

角堇

风信子

毛樱桃

樱花和风信子的浓妆淡抹相得益彰，终于到了春光烂漫的时刻。宿根花卉的花蕾在生长，樱花以外的花灌木也在尽情开放。

矾根的花也很有魅力

每天都在膨大的月季花蕾

4月 April

春天，郁金香和勿忘草欣欣向荣

在月季叶芽伸展，
小小的花蕾也开始长出的时候，
围绕着淡黄色的郁金香，
粉色的勿忘草像云雾一样蓬松地覆盖在花园里。
矾根也开出轻盈可爱的花朵，
真正的春天终于来了。

耧斗菜

有着美丽红叶的景天

浅色调的‘优雅小姐’郁金香成为柔和的焦点。

粉色的勿忘草给整个花园带来柔和的印象。因为在种植的第一年，花园中的宿根草本植物尚未长成，地面的露出部分还很多，勿忘草还起到了隐藏土壤的作用。

5月上旬

早花的月季品种开始开放。

终于到了月季的季节

因为是种植的第一年，
月季还没有长成大苗，
但是早花的品种已经开始陆续开花。
彩叶植物张开了叶子，
宿根草本植物也在孕育花蕾，
一派绚丽华美的景象。

领先其他品种开放的单瓣月季‘花花公主’和矾根的花是同一色系，相得益彰。

‘玛丽 · 安托万夫人’月季

在大型容器中，‘玛丽·安托万夫人’月季娇羞地垂头开放，浅粉色的花，瓣尖稍带深色，格外可爱。

5月中旬 风景更加华丽，
月季的季节正式开启。

红色月季的区域

与紫叶植物搭配，营造出别致的氛围

花坛背面的左侧，包括原本种植的藤本红色月季，是以红色为中心的区域。

半阴处是深红色的月季

樱花树荫下的区域，种植了需要避免直射阳光的‘黑王子’‘晚安’等深红色月季，以及紫叶欧洲山毛榉、紫叶鸭儿芹、矾根、景天等深色叶子的植物。

‘红色达芬奇’月季

‘琥珀之光’月季

‘黑王子’月季

‘晚安’月季

‘苹果挞’月季

早花的‘涟漪’月季，小花朵层出不穷

锦带花

粉花绣线菊和非洲菊

变色月见草

‘爱情结’月季

装点花园的应季花草

荆芥（猫薄荷）

粉色月季的区域

酸橙绿色和银色叶子增加了亮度

粉色月季的区域位于阳光明媚的花坛的右侧，与有着明亮叶色的灌木，如粉花绣线菊和‘黄金锦’亚洲络石等搭配。

‘铃之妖精’月季

‘爱的芬芳’月季

‘珍珠门 / 天堂之门’月季

‘达芙妮’月季

5~6月
May-June

‘涟漪’月季

把柔和的色彩集合在一起

在花坛的前方，种植了‘海蒂’‘铃之妖精’‘涟漪’等紧凑型的月季品种，它们与清新的蓝色荆芥（猫薄荷）和橙色的变色月见草相得益彰。

紧凑而开花性佳的‘汉斯·戈纳文’月季，焦糖色叶的矾根，麦仙翁等。

左：‘海蒂’月季
右：白花松果菊

7月 July

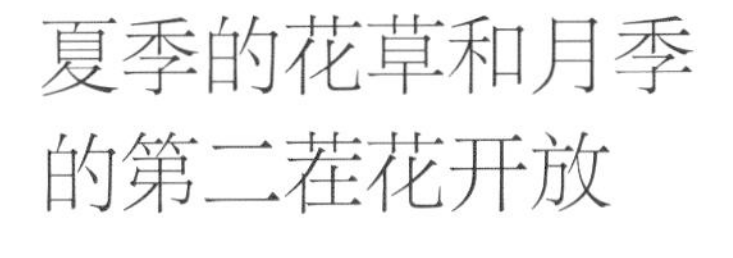

夏季的花草和月季的第二茬花开放

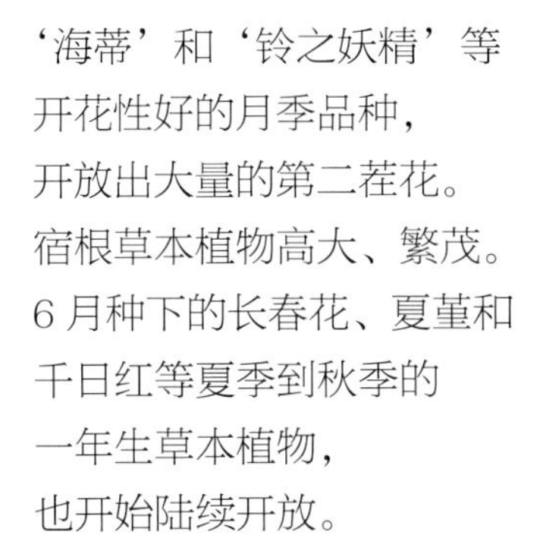

‘海蒂’和‘铃之妖精’等
开花性好的月季品种，
开放出大量的第二茬花。
宿根草本植物高大、繁茂。
6 月种下的长春花、夏堇和
千日红等夏季到秋季的
一年生草本植物，
也开始陆续开放。

‘草莓田’千日红

8月 August

夏花植物映日开放

有很多月季品种夏季会休眠，
但有些品种仍在盛开。
将仲夏花园装点得绚丽多彩的是长春花，
它们的花朵不断开放，没有停歇。
千日红连绵盛开，
直到秋月季的季节到来。

各种长春花

10月
October

秋月季与秋日花草的竞演

10月，迎来了秋月季的季节。
春天还很幼小的月季植株，
已经长得很高，
一年能长到这么大，
真是让人感触良多。
来年春天，
它们一定会更加茁壮，
花朵数量也会更多。

'月季之美'月季的旁边，紫色的'黑爵士'藿香在风中摇曳，有着浓浓的秋日风情。秋月季将一直装点花园，直到11月末。

夏堇

'重瓣樱桃红'小百日草

波斯菊、千日红、夏堇竞相开放，与月季交相辉映。

第2章

月季花园的养护管理

月季是什么样的植物

人为培育出的现代月季

月季在分类上属于蔷薇科蔷薇属，最初是在东亚到欧洲再到北美的北半球的各个地区自然生长的植物。月季的栽培始于药用和香料用途，不久之后就转变为观赏用途。自 1800 年代以后，人工杂交育种开始后，月季迅速发展演变，成为我们今天所看到的样子。

月季的野生种基本上是单瓣花，花的颜色有白色、粉色、红色，还有部分黄色，花色很有限，而且每年仅开花一次。现代月季中具有野生种所没有的各种花色和花型，大多数具有四季开花属性，可以一年开花多次。这些人为培育出的现代月季，如果没有一定程度的人工栽培管理，多数无法顺利成长。

月季靠新老枝条交替来生长

月季实际上是“树”，也就是木本植物。说到树，许多人会想到樱花和松树那样年轮一圈圈增长、树干变粗的树木，但是月季的生长方式与这些树木有很大不同。

月季从根基部分或是上一年的枝干上长出茁壮的枝条（也叫笋芽），之后老枝条就会衰弱死亡。就这样通过新老枝条的不断交替来生长。交替的间隔因品种而异，其中也有几乎不生发笋芽，从老枝条上年年开出花来的品种。

一般的树木从根部发出的“萌蘖”和从树干中部发出的“蘖枝”与月季的笋芽相对应，出现萌蘖或蘖枝后，老枝条不会衰弱枯萎，而是继续生长，原则上在树木栽培过程中要剪掉这些新枝，以免破坏树木的形态。但是月季的笋芽长出后，老枝条会衰老，在栽培过程中要剪掉老枝条，代之以新枝条。所以在这点上，月季和一般树木的修剪方法恰好相反。（详情请参阅第 46 至 51 页）。

生长期和休眠期

月季的生命周期分为生长期和休眠期。尽管根据当地的小气候会有所差异，但月季的生长期通常是 3 月至 11 月，休眠期是 12 月到次年 2 月。休眠期有很多重要的养护工作。

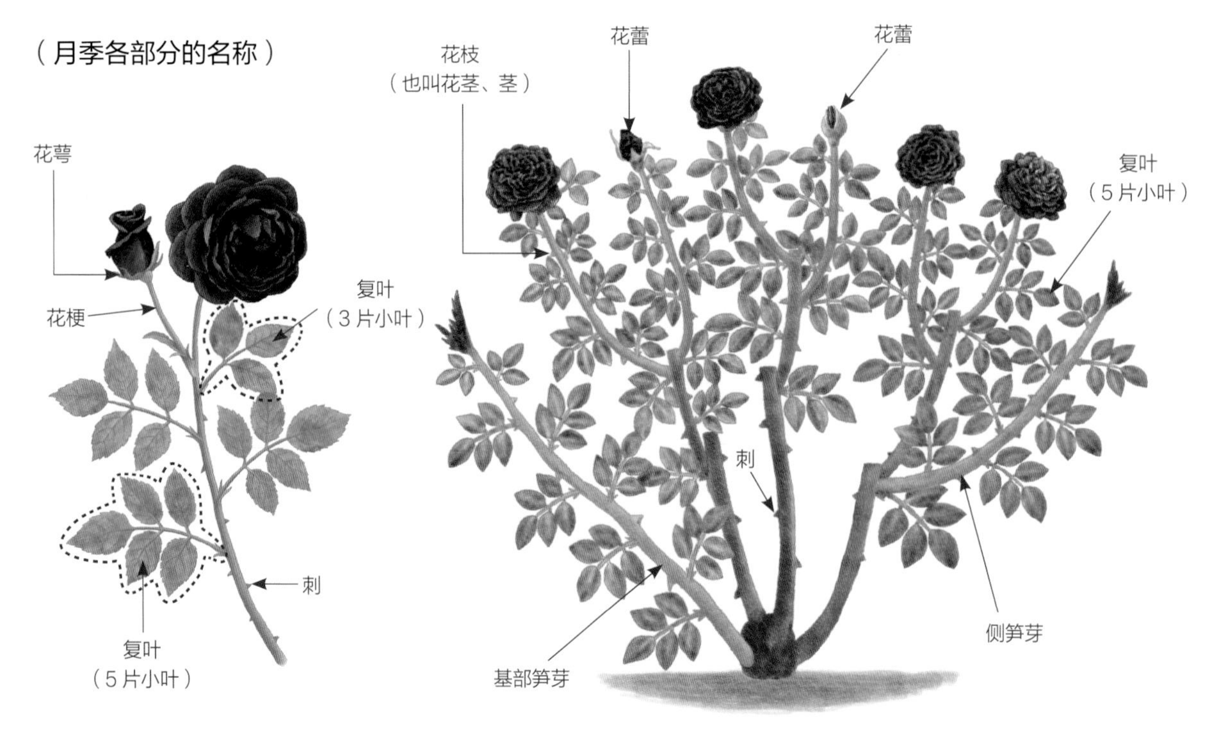

6 月下旬～ 7 月的生长状况

月季苗的种类

休眠期出售的大苗

月季苗有几种类型，它们分别在不同的时间上市。了解它们各自的特征，在栽培月季时会很有用。

最常见的月季苗是在深秋到冬季出售的大苗。将上一年或当年嫁接的幼苗种在田间，培育到秋天之后挖出来，假植在深花盆中，放在园艺店里出售，这样的苗就是大苗。大苗也可以通过网购获得。网购的大苗可能是从田间挖出的、没有土壤的裸根苗或是包裹在水苔中的卷根苗。

大苗的品种相对较多，如果想要得到特定的心仪品种，最好在月季专卖店或专业苗圃尽早预订。另外，由于大苗没有叶子，很难分辨苗是好是坏，在可靠的店铺购买也很重要。

价格低廉易入手的新苗

新苗是在前一年或当年嫁接的苗，春季种在育苗盆中出售。由于是在开花季节上市，可以通过查看花朵来购买，植株也处于生长期，容易区分好苗和坏苗，这是新苗的一个优点。另外，新苗的品种很多，比大苗和盆栽苗要便宜，这也是它的优点。

但是新苗的苗龄较短，还很弱小，对于新手来说，可能有点难养。另外，有些新苗是在温室中培育出来的，突然将它们放在室外的话，叶子可能会受损。

推荐给新手的盆栽苗

对于那些想看着实物买花的人，建议购买主要在开花季节出售的盆栽苗。盆栽苗是将大苗或新苗经过盆栽后培育出的苗，在月季专卖店中几乎一年四季都有销售。在开花期，一般的园艺店也会有陈列，但可能一部分是卖剩下的苗，或没有得到很好的照顾，注意要在值得信赖的店铺购买。盆栽苗全年都可以定植。

要想早些看到藤本月季开花，最好选择枝条长的高苗，可以立刻牵引到拱门或是栅栏上，购入后 1 年内，可保证开花。

新苗 | 上市时间 4月中旬～6月

嫁接到砧木（野蔷薇等）上不到一年的幼苗。虽然苗龄小，但四季开花的品种可能已经有花蕾。

大苗 | 上市时间 10月下旬～次年3月

经过了春季到秋季的田间生长，再挖出来的苗。多在枝条剪短、没有叶子的状态下假植在花盆里出售。

盆栽苗 | 上市时间 几乎全年

大苗和新苗经过一段时间的盆栽长成的苗。比较大，根部也没有被剪断，适合初学者。

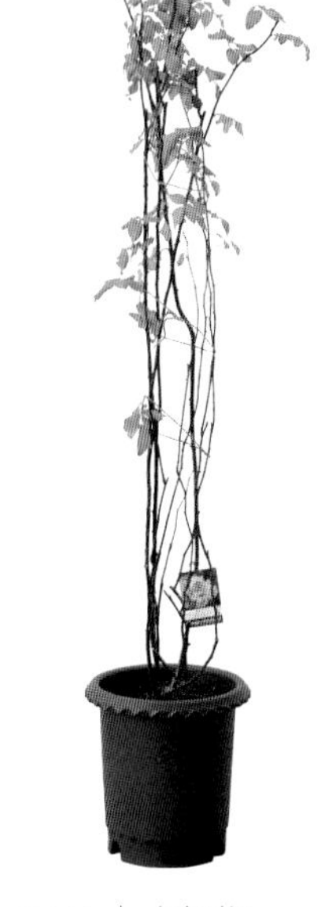

高苗 | 上市时间 几乎全年

将藤本品种的大苗和新苗种在盆中，将枝条培育到一定长度的盆栽苗。将其牵引到拱门或塔形花架上，立刻可以欣赏到藤本月季的形态。

月季的分类

根据株型可发为 3 类

月季的分类方法有很多种，除了广为人知的美国月季协会的系统分类法（杂交茶香月季系统、微型月季系统等）以外，还有按用途分类（景观月季、盆栽月季等）、按品牌名分类（奥斯汀英国月季等）和按销售策略分类（法国月季、FG 月季等）等方法。这些分类方法常混合使用，让人有些难以理解。

在本书中，我们优先考虑在栽培上的实用性，根据植株形状把月季分为 3 种主要类型："直立株型（直立灌木）"，"可藤可灌株型（半藤本）"和"藤本株型（藤本）"。下面就来简单说明一下。

3 种株型的特征

直立株型是一种直立生长的株型，在整个生长季节都会有规律地开花，其中许多品种都能四季开花。高度范围从大约 20cm 到将近 2m，枝条的生长方式也是从横张到直立都有。

月季中被大量种植的丰花月季（四季开花的中型花月季）和杂交茶香月季（四季开花的大型花月季）多为直立株型，其中许多品种都可以用作庭院栽培的主角，使用起来很方便。

可藤可灌株型（有的书中译为"灌木株型"）月季的枝条比直立株型月季的枝条长，并且是半直立状态生长。从四季开花到一季开花的都有，枝条的生长方式和树形也多姿多彩。古老月季和英国月季中的许多品种属于可藤可灌株型。

可藤可灌株型根据枝条的生长和展开方式又大致分为 4 种类型：直立型、开张型、浓密的圆顶型和横向伸展的匍匐型，它们之间还有中间类型。可藤可灌株型用途多样，修剪到较短可以像直立株型月季一样培育，如果把藤条留长，则可以像藤本月季一样牵引到塔形花架和栅栏等构造物上，根据自己的想法尝试各种造型。

藤本株型月季的枝条能生长到很长，无法自立，必须牵引到塔形花架或是拱门等构造物上。开花基本是一季开花或重复开花，不能像直立株型月季那样有规律地重复开花。

直立株型（直立灌木）

Bush Rose

可以自立的月季，大部分都是四季开花，植株的高度不等，枝条的伸展方式也有直立、半直立、半横张、横张等，种类很多。

［直立性］

［半直立性］

［半横张性］

［横张性］

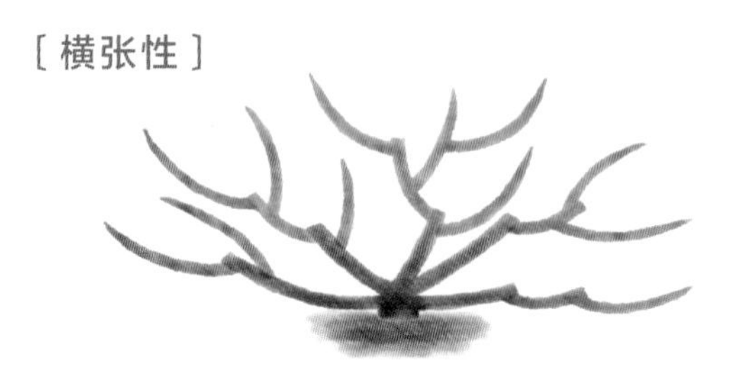

可藤可灌株型（半藤本）

Shrub Rose

半自立的月季，伸展后像藤本株型月季，
剪短的话就像直立株型月季。

[直立型]

枝条坚硬粗直，向上伸展的株型。‘娜荷马’‘瑞典女王’等都是这种类型。根据品种不同，有的可以进行牵引。

[开张型]

横向伸展，枝条有坚硬的，也有柔韧的，‘英国遗产’‘哈迪夫人’等都是这种株型，根据品种不同，有的可以进行牵引。

[匍匐型]

枝条好像在地面匍匐般伸展。根据品种不同，有的可以进行牵引。‘伽罗奢’‘淡雪’等都是这种株型。

[圆顶型]

伸展力稳定，分枝性好，茂密紧凑的株型。‘仙女 / 小仙女’‘粉红漂流’等都是这种株型，基本上不适合牵引。

藤本株型（藤本）

Climbing Rose

不能自立，要牵引到某个构造物上，
其中有的藤条可以长到 5m 长。

‘萨拉曼达’月季

月季喜欢的环境

通风良好、阳光充足的场所

月季喜欢阳光充足、通风良好的环境。说到阳光充足，是指至少需要半天以上的日照。如果没有足够的阳光，月季枝条会徒长，节间变长，呈现孱弱的姿态。生长速度会减缓，还有可能发生白粉病。因而应尽量将月季种植在日照好的地方。庭院里如果有大树，要适度修剪，以确保有阳光穿过树叶。

通风不良会使月季容易发生白粉病之类的病虫害问题，所以要尽量将其种植在通风良好的地方。特别是和其他花草混合种植时，通风往往较差。如果其他花草过于繁茂，要适当修剪以确保通风。另外，对于成年植株，可以尝试修剪掉一部分朝内侧的小枝条，以使其不会闷闭，从日常上多注意通风和整理枝条。

虽说要注意通风，但在风太大的地方，风会折断或者剧烈摇晃枝条，并导致月季的刺扎坏自己的树叶。在这些场合需要采取防风措施，例如使用防风网。

现实的环境并不总能具备一切理想的条件。在环境条件不理想的情况下，尽可能选择强壮、有较强抗病性的品种。

日照不足不仅会导致生长不良，还会导致花朵发色出现问题，但是黑色系和紫红色系这类容易被晒伤的品种在日照不足的环境下反而会绽放出美丽的花朵。

排水良好、富含有机物的土壤

月季喜欢排水良好、保肥力强、富含有机物的土壤。在含有大量有机物的土壤中种植时，月季可以健康成长，并且对疾病的抵抗力也会提高。

如果土壤是沙壤土，保肥力较弱，可添加大量腐熟的堆肥或腐叶土等来改良土壤。而如果土壤为黏土，排水性较差，可在土壤里混入珍珠岩，以提高透气性和排水性，或是抬高花坛种植，以改善排水问题。

月季的病虫害防治

早发现，早处理

应对病虫害重要的是早发现、早处理。一旦发现虫子，要立刻驱除。月季病害中代表性的有黑斑病和白粉病，特别是黑斑病，会导致落叶，落叶后植株不能进行光合作用，会给生长发育带来严重的伤害。能否抑制黑斑病，是月季栽培成败的关键。一旦发现月季感染黑斑病，要立刻把染病的叶子摘除，集中处理掉落的叶片，并使用药剂来消毒。

白粉病在通风不良的情况下容易发生，确保通风良好是预防白粉病的重中之重。白粉病症状严重的时候，可用药剂消毒。

无农药栽培

近年来，越来越多的人希望尽可能无农药栽培月季。这种情况下，应尽量选择植株强健、抗病性好（特别是抗黑斑病）的品种。但是，即使是抗病性好的品种，也不是完全不会染病，所以在无农药栽培时，春天的第一茬花可以尽情欣赏，但是秋花则应尽量放弃。只要确保植株不枯萎，即使生病，来年春天也一定会健康地绽放出饱满的花朵。

主要的病虫害

黑斑病

发生时期： 4~12月

症状： 叶子上出现黑色斑点，不久后叶子会变黄脱落，多雨的季节容易发病，病原菌在枝叶、芽尖、落叶上都可以过冬。

对策： 把染病的小叶所属的复叶全部摘除，清扫落叶，喷洒药剂防止疾病的传播。植株内部的小枝条的叶子染病后，很快会传染到全株，要注意尽早发现、尽早处理。

白粉病

发生时期： 4~7月，9~12月

症状： 空气闷闭的状况下易于发生，嫩叶、花蕾、花梗等处布满白粉状的菌体。

对策： 摘除严重受损的部分，喷洒药剂。因为病原菌是在枝条和芽尖上越冬的，所以初春进行预防消毒也很有效。

蓟马

发生时期： 5~11月

症状： 1~2mm 的小虫潜伏在花蕾、叶子等处吸取汁液。一旦受害，花朵会出现茶褐色的咬痕，不能开放，叶子也向内卷曲。

对策： 因为蓟马是在花瓣上产卵，所以要摘干净开放后的花瓣，散落的花瓣也要清理，受害严重的时候要喷洒药剂。

介壳虫

发生时期： 全年

症状： 白色贝壳状的雌性虫和小型的细长的雄性虫的幼虫，聚集在枝条上吸取汁液。

对策： 日照和通风不佳时易发生，发现后用牙刷等轻刷驱除，喷洒药剂。也可以在休眠期喷洒机油。

蚜虫

发生时期： 3~5月，9~11月

症状： 它们在新芽、花蕾和嫩叶的柔软部分集群寄生，吸取汁液。也会成为病毒病、煤烟病的传播媒介。

对策： 仔细观察，发现后立即捕杀，喷洒药剂。

星天牛

发生时期： 成虫6~8月，幼虫9月~次年4月

症状： 成虫啃食枝条的表皮，幼虫也叫做铁炮虫，从植株基部钻入茎内啃食，会对月季造成很大伤害，常导致植株枯死。

对策： 发现成虫后要立即捕杀，杀灭幼虫则要用专用的药剂注射入茎内。

灰霉病

发生时期： 5~6月，9~12月

症状： 昼夜温差大的时期容易发生，花蕾上长出灰色的霉菌，继续发展下去会腐烂。花瓣染病后会出现红色斑点。

对策： 摘除染病的花蕾和叶子，喷洒药剂，开花期的预防消毒也有效果。

金龟子

发生时期： 成虫5~10月，幼虫8月~次年4月

症状： 成虫啃食花和叶子。生活在土壤中的幼虫啃食根部，让植株变弱。

对策： 发现成虫后立即捕杀。幼虫则喷洒专用的药剂灭杀。

叶蜂

发生时期： 4~11月

症状： 成虫在枝条里产卵，孵化后的幼虫逐步啃食叶片。

对策： 发现成虫后立即捕杀。发现枝条上的产卵处后，立刻用牙签等插入，戳破虫卵，将其杀死。摘掉幼虫聚集的叶片捕杀或是喷洒药剂。

[月季和其他花草的年度管理工作]

为了保持花园的美观，需要适时采取必要的养护措施。
在这里，我们将主要讲解月季的全年管理工作，同时简要讲解其他花草在不同季节的养护方法。

帮助月季发挥自己的魅力

月季的生命周期非常简单，冬季过后小小的芽在春天不断生长，展开叶片，叶片的上方长出花蕾，之后开花。花期结束后，四季开花性的月季会再一次孕育花朵，直到秋天落叶休眠。人们顺着月季这样的生命周期，稍微帮助它一下，月季就会更加健康地成长，开出更多的花来。

其他花草的养护要配合月季

宿根草本植物、一年生草本植物最大的工作就是种植，除此以外的养护工作基本上在月季管理工作的间隙完成就行了。最需要注意的是病虫害，以及如何防止夏季的闷热。因为月季和其他花草混合种植的时候，有通风变差的问题，这点要特别注意。在月季的管理工作中，关于种植的问题可以参考第 12 页。另外，在一年开始的时候进行的冬季修剪和藤本月季的修剪和牵引工作会在 46 页至 63 页介绍。

全年的工作

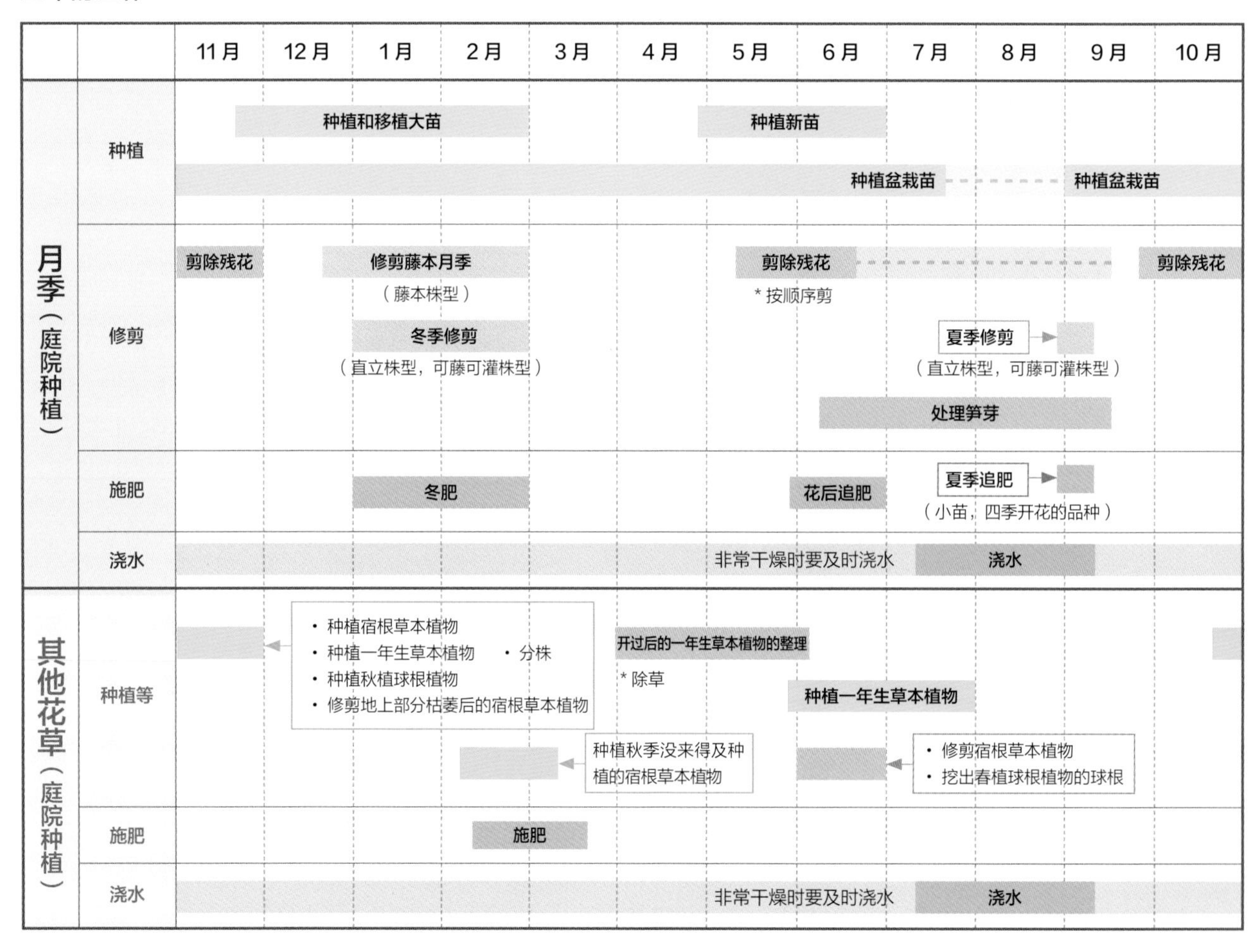

月季开花前

1~4月

施冬肥（1~2月）

从休眠中苏醒过来的月季，要想茁壮成长，顺利开花，需要大量的养分。冬季给予月季的肥料叫做冬肥，也叫基肥，也就是一年生长的基础肥料。

冬肥的施肥方式是在距离月季植株基部30cm左右的地方挖2~3处直径10~15cm的孔穴，每株给予2L堆肥、500g的发酵油粕等有机肥，和土壤混合均匀后，填埋回去。植株高大的藤本月季的冬肥可以埋在距离植株1m左右的位置。生长旺盛的月季，如果想控制其长势，可以调整冬肥的施肥量。在积雪地区，冬肥最好在积雪前埋入。

摘除花蕾发育失败的盲芽（3~4月）

新芽慢慢生长成为枝条，叶子展开后，枝条顶端就会出现小小的花蕾。对月季的主人来说，这个时期的兴奋之情是难以言喻的。

但是一部分分化好的花芽也会死亡，这叫做盲芽。如果希望看到花，一旦发现盲芽，要立即用手摘除还没有展开的叶子，也就是摘除盲芽。这样，下面的芽会长出花蕾并开花，花期会比第一朵花的稍晚一些。

冬肥要施在和植株基部有一定距离的位置

直立株型和可藤可灌株型的月季，在距离植株基部30cm左右的地方施肥。大型的藤本株型月季，在距离植株基部50~100cm的地方施肥。

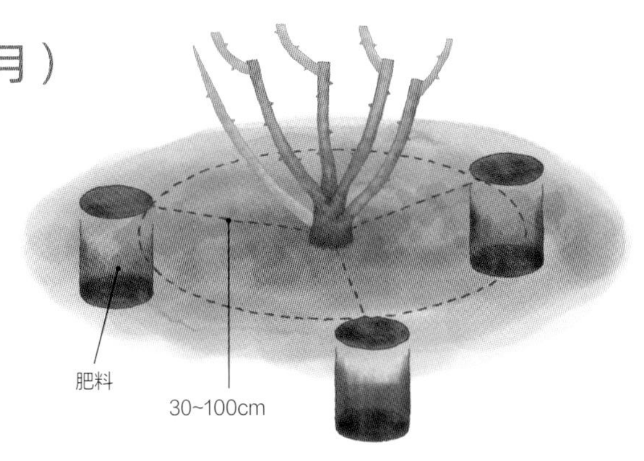

摘除盲芽

枝梢没有花蕾，这种状况叫做盲芽。

用手将叶子没有展开的部分折断。

摘下来的芽尖。摘完后，新芽会长出来，再次形成花蕾。

同期需要进行的其他花草的养护管理工作

球根植物花后摘除残花

花开过之后的洋水仙等球根植物，不用从花茎的基部剪除，只需要把花头摘掉就行。花茎也可以进行光合作用，在变黄之前，可以将其保留着，为球根提供养分，使球根肥大。球根植物容易受病毒危害，为了防止剪刀传播病毒，直接用手摘除比较好。

月季
开花期

5~11月

剪除残花

为什么要剪除残花

剪除残花有几个目的。花开完后，如果不剪除，将它们留在那里，会结出果实，果实会消耗养分，使得第二茬花难以开放。

对于难以结实的品种，即使保留残花，第二茬花也会盛开，但是花茎上会生出很多新芽，长出茂密拥挤的小枝条。

大型花的品种，如果不剪除残花，就不会产生新的花芽，而且会长出很多叶子，造成拥挤和通风不良。另外，如果落在土表和叶子上的花瓣不清理的话，则可能会出现灰霉病。

剪除残花的时机和部位

剪除残花的时机是在花瓣开始散落时，有些不会散落花瓣的品种则在花瓣变脏后剪除。对于中型花、成簇开花的月季，按照开放的顺序依次剪下开败的花头，再在最后一朵花开完后剪掉整根花枝。

小型花的品种，一般是在全体开完后统一剪除残花，不过，如果想要欣赏月季果实的话，可以保留残花。

剪除残花的位置，因植株的长势而异。如果是生长正常的植株，可以从春季伸出的枝条上方1/3至1/2处剪断；而如果植株的长势较弱，则要尽量多留些叶子，以促进光合作用，只剪掉花头即可。

[大中型花、成簇开花的类型]

对于大型花和中型花的成簇开花的品种，如果生长良好，则将春季以来生长的枝条的1/3至1/2修剪掉。
成簇开花时，花朵会依次开放，因此从花梗处剪掉先开完的花朵，就不会破坏整体的美观。

成簇开花的植株在所有花开完后修剪。健康的植株一般以距枝端1/3为标准，从叶片的上方剪断。

要点提示

剪除残花的位置是在叶子上方

叶子的腋部孕育新芽，注意剪断枝条时不要弄伤芽点。

同期需要进行的其他花草的养护管理工作

一年生草本植物的整理

进入五月，三色堇和角堇的姿态逐渐变得凌乱。在月季花期过后，将它们拔出并整理。

清除土壤中残留的所有根系，并添加堆肥等肥料，种植下一茬植物。

[小型花、成簇开花的类型]

对于花朵成簇开放的小型花品种，在整体开花结束后再剪除花簇。
对于花簇较大的品种，如果在距顶部 1/3 处剪掉，叶子数量会比较少。
要想多留些叶子，也可以只剪掉花簇。

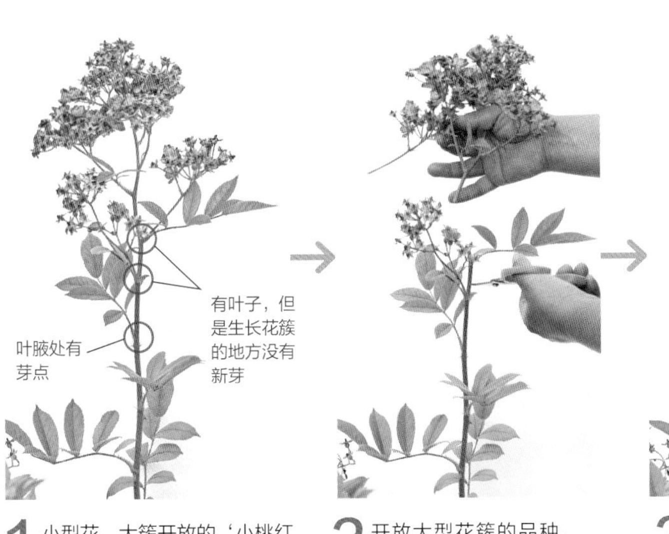

1 小型花、大簇开放的‘小桃红（Majorie Fair）’月季的残花。

2 开放大型花簇的品种，尽量只剪掉花簇，多留些叶子。

3 刚剪完残花的样子。

要点提示

不要在这个位置修剪！

花簇较大的时候，在这里修剪的人很多，但是这样的话叶子数量会变少，尽量按左侧图 1~3 的方法修剪。

[植株比较弱的情况]

长势弱、植株无力的情况下，尽量只剪掉花头，多留一点叶子。叶子会进行光合作用，产生养分。修剪后如果长出多个新芽，可掰掉不要的芽头，只留下需要的芽头。

掰掉不要的芽头

只剪掉花头

虽然植株整体长势较弱，但已经有数个芽头生长出来。

使笋芽变充实

笋芽是在植株基部或是枝条中间长出来的长势旺盛的枝条，从植株基部长出的笋芽叫做基部笋芽，从枝条中间长出的笋芽叫做侧笋芽。对于通过旧枝条更新为新枝条来生长的月季而言，笋芽就是它们的下一代枝条，能否让这些枝条充实壮大，决定了下个季节月季的开花状态。

笋芽经过 1~2 次打顶后，叶子的数量增加，花蕾长出，笋芽也会变得粗壮充实。对于比较紧凑的月季品种，要经过 2~3 次打顶，笋芽才会变得壮实。

打顶时最好用手折断。即使花蕾已经长出，也为时未晚，为了使植株更好的生长，一定要狠心做好打顶。

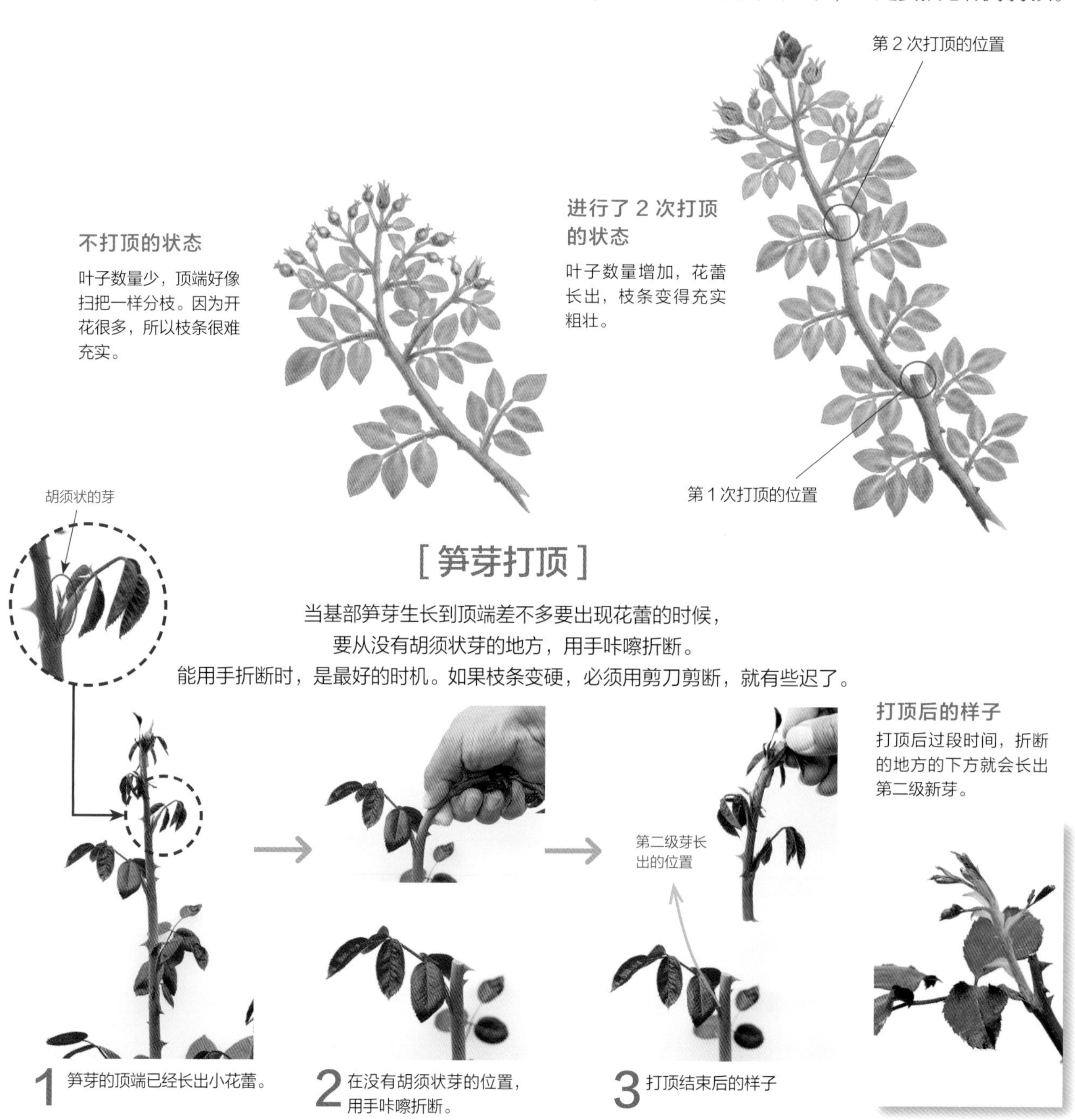

1 笋芽的顶端已经长出小花蕾。

2 在没有胡须状芽的位置，用手咔嚓折断。

3 打顶结束后的样子

打顶迟了的情况

即使错过了打顶的时机，只要顶端还是花蕾就没问题，从现在开始也为时不晚。尽量保留叶子，剪掉花蕾，等到新芽长出来，进行第2次打顶，之后再等待花开放。

1 笋芽顶端像扫把一样，已经长出花蕾。

2 为了促进光合作用，把花蕾从基部剪掉，保留叶子。

3 稍过一段时间，没有长过花蕾的叶腋处会冒出新芽。

藤本株型月季的笋芽

不要折断生长旺盛的可藤可灌株型和藤本株型月季的笋芽，将它们立起来绑扎到支撑物上。冬季把这样的枝条放倒横向牵引，次年春季的花茎就会生长开花。

1 从基部附近长出的笋芽。

2 笋芽柔软、易折断，将它靠近构造物等绑扎好。

在没有构造物的情况下，可以立支柱，将笋芽轻轻地绑在支柱上。

花后追肥

月季第一茬花开完后，要追施“感谢肥”。施肥量根据肥料的种类而定，如果是波卡西堆肥的话，一株施250g。如果周围种有花草，挖土很难，可以用撒在植株周围的方法来施肥。如果想抑制长势过于旺盛的月季生长，就不要追肥。

追肥时，在离植株基部稍微有点距离的位置，选2~3处，将肥料洒在土表面。

砧木芽处理

月季苗是嫁接在砧木上的，所以有时会从砧木上发出芽来，这种芽叫做砧木芽。因为砧木使用的是野蔷薇等长势旺盛的植株，如果保留砧木芽，就会大量消耗养分，导致嫁接在砧木上的本来想要培育的月季苗越来越弱。一旦发现砧木芽，要稍微挖掘露出根部，从基部将其剪掉。

植株的基部、嫁接口的下方有砧木芽冒出。

确认生长的位置，将砧木芽掏挖干净。

夏季前的修剪

在梅雨和夏季来临之前，一定要做的是宿根草本植物和灌木的花后修剪。宿根草本植物太茂盛的话，会闷闭蒸热，导致下方叶子变黄枯萎，也容易发生病虫害。有时还会导致植株整体变弱，开不出新的花来。另外，花草过于拥挤的话，花园整体通风会变差，对月季也会产生不良影响。

修剪可以促进植物的新陈代谢，修剪之后新芽冒出，能再度开花。而灌木可以通过修剪控制株高，调整株型。为了改善花园整体的通风条件，务必要进行修剪。

花后稍微修剪后，从基部发出新芽。

‘卡拉多纳’林荫鼠尾草

修剪穗状的残花

穗状开花的宿根草本植物，在开完花后从花穗的基部剪下。修剪时要确认叶子上方的腋芽，在芽点上方修剪。薰衣草在没有叶子的木质化部分修剪的话，将很难长出新芽，所以要在非木质化部分进行修剪。

毛地黄

在花穗的基部剪掉，会从上面冒出新的花芽，虽然没有第一茬花那么大，但也可以开花。

‘卡拉多纳’林荫鼠尾草

在花穗基部附近带有芽点的叶子上方修剪，会长出新一轮花芽。

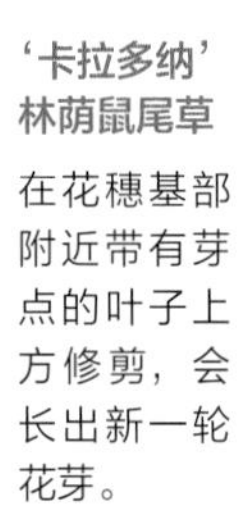

控制生长旺盛的植物

大型禾本科植物等观叶类植物，有时会过于茂盛，这时可以修剪一次。再次从基部冒出的新芽，在秋季叶子会更美观，姿态更紧凑。

八丈芒

叶子带有花纹的美丽的大型芒草，作为月季的背景，能使整体景观张弛有度。

从基部剪断，新的芽会冒出来。

夏季前修剪，能改善通风，也会对月季的生长有好的影响。

控制灌木的株高

<例>‘空竹’紫叶风箱果

有迷人的紫色叶片的‘空竹（Diabolo）’紫叶风箱果是一种魅力十足的灌木。如果修剪的时间太迟，花芽分化后再进行修剪的话，次年可能不开花，请在花后立刻修剪。

生长过高的‘空竹’紫叶风箱果，要在夏季之前修剪。

修剪得和月季一样高。

剪到一半左右的高度，确保了通风。

绣球的残花修剪

最近像‘安娜贝拉’这类新枝开花的绣球很有人气，但是一般的绣球都是老枝上开花。老枝开花的品种，为了在保持低株高的同时，来年还能开花，在开花后立刻修剪是很重要的。
根据希望次年保持的高度来决定修剪的高度，在腋芽的上方修剪。

要点提示

施肥

在修剪掉绣球残花后，要及时给予肥料，这样次年的花芽才会充实。

盛花期过后，花褪色了就可以修剪了。

上：希望植株高一些的话，在花头下面修剪。
下：希望植株紧凑的话，在枝条 1/2 处的叶子上方修剪。

刚修剪掉残花的样子。

铁线莲

大中型花的铁线莲，不要在开花的地方修剪，而是要在有腋芽的地方修剪，之后不要忘记给予肥料。铃铛花型的铁线莲品种从花梗的基部修剪，叶腋处会发出芽，再次开花。

< 例 >‘查尔斯王子’铁线莲（意大利系）

好像风车一样的种荚。

仔细查看，可以看到叶腋处有芽点。

大中型花的品种在有腋芽的地方修剪。

要点提示

这样也能活下去！

铁线莲的枝条表皮容易折断，但只要中间还连接着就没问题，不要修剪掉。

< 例 >‘红公主’铁线莲

铃铛花型的品种，从花梗的基部剪掉。

种植一年生草本植物

5月到7月是种植夏季到秋季开花的一年生草本植物的时期，清理掉春季开花的一年生草本植物后，土壤里的营养已经消耗掉，一定要补充肥料。小百日草和鸡冠花是播种育苗的，这个时期可以定植到花坛了。

右侧照片上是在种植“丰盛”系列小百日草，这个系列的品种特别耐热，能从夏季一直开到秋季，花期长，花色也很丰富。在夏秋之际，月季开花暂停的季节，可以覆盖空地，是非常好用的植物。

种植的“丰盛”系列小百日草。种植前先把花盆放到想定植的地点，看看整体的平衡。

从花盆里拔出苗，轻轻松动根系的下部。

挖掘种植穴，挖好后放入一把肥料，将肥料与挖出的土壤混合均匀后填回土壤，种植花苗。

种植完成。

应对夏季炎热引起的月季生理障碍

近年来，夏季异常炎热，气温超过 35 摄氏度的时候也不少，对于人来说都很难受的酷暑，对月季也造成沉重负担，引起所谓的“苦夏”以及各种生理障碍。

月季“苦夏”的症状通常表现为叶子白化、萎缩、落叶等。落叶严重的时候，后果会和发生黑斑病一样，造成植株整体衰弱，不可大意。除了叶子的变化之外，也有茎变黑和枯萎等现象。

尤其是‘蓝色狂想曲’‘夏日之歌 / 宋夏’等月季品种，容易因为炎热发生生理障碍，导致枝条严重枯萎。这些渡夏困难的品种，要尽量种植在没有西晒的地方。

一旦发生问题，叶子将不能复原，只能等待盛夏过后，最高气温下降到 30 摄氏度以下，再利用肥料和活力剂来使植株恢复体力。

夏季落叶
‘神秘’月季
下面的叶子变黄、脱落，不能进行光合作用，植株整体变弱。

叶子全体白化
‘思念’月季
以新芽为中心，变成条状的黄白色，枝条生长停滞。

叶子顶端白化
‘紫色飞溅’月季
叶子顶端脱色，逐渐变成黄白色。

茎干的黑变
‘卓越的舒伯特’月季
新枝的表皮有黑斑，有时表皮变粗糙。

叶子萎缩
‘索纳多’月季
叶子萎缩，向外侧或向内侧卷曲。

枯萎
‘蓝色狂想曲’月季
枝条顶端枯萎，变成褐色，落叶。

选用盛夏季节也能怒放的植物

盛夏季节虽然也有能健康开花的月季，但很多不太耐热的月季已经进入休眠。在此期间，给花园增添光彩的是百合这类球根植物，以及夏季开花的一年生草本植物。它们在秋季月季的花期再次到来之前，顶着骄阳生机勃勃地成长。

夏季开得很好的‘红’月季和千屈菜

‘卡萨布兰卡’百合

上面的‘红’月季，
以及本页右下方的‘炎’月季，
夏季都能保持健康，且大量开花。
如同名字一样，它们在夏日阳光下，
如熊熊燃烧的火焰般绽放，
光是看着它们充满生命力的光彩，
就可以得到活力。
‘卡萨布兰卡’百合的白色则很清凉。

上：萱草和‘黄色纽扣’月季
下：美丽的橘色月季‘炎’

‘安布里奇’月季

美国薄荷

香石蒜

月季的夏季修剪

8月末～9月初

一定要做夏季修剪吗?

夏季修剪并不是一定要做的事情。但是，修剪有以下几个好处。

首先，对于生长旺盛的品种来说，夏季枝条生长过度，如果不修剪，秋天花就会开在超过2m高的地方。这种情况下，通过修剪把植株的高度降低，就能更方便地赏花。另外，即使是同一植株内，各根枝条的生长阶段也不一样，会存在有的枝条上还是花蕾而有的枝条已经开花的情况，通过修剪来调整植株的开花时间，就能让同一植株的每根枝条同时开花了。

不过，可藤可灌株型月季和藤本株型月季即使修剪也很难调整开花时间。四季开花型的可藤可灌株型月季如果长得太高了可以适当剪短枝条，藤本株型月季则不用管它，想要控制生长的时候才做一下修剪。

夏季的修剪尽量轻一些

夏季修剪不用和冬季一样，修剪得那么重。建议在第二茬花所在的枝条正中间附近做修剪，不要剪得太重。冬季一般是在第一茬花所在的枝条做修剪，如果夏季还修剪到这个部位的话，冬季修剪会变得很困难，叶子也会变少，植株会变弱。另外，不建议对因“苦夏”而落叶的月季进行修剪，尽量多保留叶子，到冬天再对植株的高度和形状进行修整。

修剪时间可以在8月下旬到9月上旬之间。早花的品种从修剪后到开花大概需要40天，晚花的品种需要60天左右。不过，根据当年的天气和光照等情况，天数会有一些变化。

通过早一点修剪晚花的品种、晚一点修剪早花的品种的方式，可以让不同品种的月季同时开花。通常月季园才会这么去做，一般家庭并不需要。

配合修剪时间进行追肥。建议在修剪前一周给植株追肥，帮植株做好热身，这样月季就能顺利地抽芽生长，秋天就能看到饱满的月季花开放了。

直立株型月季的修剪①

[紧凑型品种] <例>‘穆兰’月季

直立株型月季中的紧凑型品种和生长不良的植株不需要降低高度，如果是为了同步开花，只要稍微剪掉枝梢即可。

这是紧凑型的直立株型月季品种‘穆兰’开花的状态。在树高约1m的地方绽放了很多小花。

直立株型月季的修剪②

[高大型品种]

长得相当高的直立株型月季，
从二级枝条的中间位置剪断。
夏季修剪的时候，如果不知道从哪里下剪，
就优先考虑如何留下尽量多的叶子，尽量少剪一点。

【修剪前】

<例>‘巴黎之歌’月季

【修剪后】

修剪掉整株的大约 1/4。

薰衣草色、花型规整的‘巴黎之歌’月季。因为只做了轻度修剪，花在稍高的位置开放。

掐掉刚长出来的新芽

新冒出的枝条打顶 2~3 次后，就可以和修剪过的枝条同步开花。

夏季修剪的位置

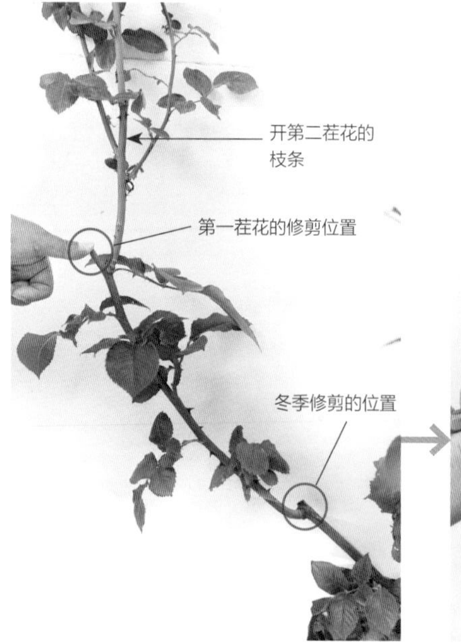

因为第三茬花的枝条太细，在第二茬花的枝条上修剪。

在第二茬花的枝条正中间附近的位置修剪。

修剪完成。

直立株型月季的修剪③
[落叶后的高大型品种]

因为黑斑病或是苦夏而落叶的高大型月季，
如果是枝条柔软的品种，可以尝试一下曲枝修剪。
把枝条弯到较低的位置，弯曲的地方就会长出新芽，
开花的可能性增大。

【曲枝修剪前】

<例>‘蓝雾’月季

【曲枝修剪后】

在不损伤枝条的前提下弯曲，用绳子固定。

秋季开花

因苦夏而落叶很严重，但从弯曲的地方冒出芽来开花。

修剪因苦夏而叶片减少的月季

1 从基部剪掉枯枝、弱小枝。

2 弯曲枝条，用绳子系在支柱上。从弯曲部位发出来的新芽会向上伸展，长出花蕾。

3 弯曲枝条不久后就冒出的芽，由于力量不够，马上会长出花蕾。如果放任不管的话，花蕾会在夏季开放，枝条不能长壮实。打顶2次之后，叶片数量会增加，枝条也会变充实，如本页右上图所示，秋季开出健康的花。

追肥

夏季修剪结束以后，为了使新芽充实，要及时追肥，追肥量根据肥料的种类而异，使用波卡西堆肥的话，施肥量为250g每株。

过度生长的藤本株型月季和可藤可灌株型月季的修剪

‘保罗的喜马拉雅麝香’月季等生长旺盛的藤本株型植株，在营养充足时会长出很多笋芽，枝条不断生长。除了藤本株型月季以外，长势旺盛的可藤可灌株型月季如果任由新芽生长的话，笋枝也会疯狂生长，从而导致树形凌乱，难以处理。当此种情况发生时，需从花后到夏末不断修剪笋芽，控制生长。

以下方图中的‘卡梅内塔’月季为例，它继承了原种粉绿叶蔷薇（紫叶蔷薇）的强大基因，长势非常旺盛，如下方图片中所示，它的枝叶过于密集茂盛，会影响到周围其他花草的生长。

这种情况下，首先把生长旺盛的笋芽剪掉，仅保留细的分枝，从而抑制其生长。同时，已经生长过长的分枝也要狠心剪短。

将生长过盛的枝条进行修剪，会直接改善整个花园的通风。因此推荐一定要在这个关键时期进行修剪。

藤本株型月季和可藤可灌株型月季的修剪

[希望抑制生长时]

如果长势旺盛的藤本株型和可藤可灌株型的月季生长得太大、太茂盛，想抑制它们的生长时，需要把健壮的笋芽优先剪掉，从而控制生长。对于过长的枝条，也应修剪到适当的长度。

‘卡梅内塔’月季继承了原种粉绿叶蔷薇 / 紫叶蔷薇（*Rosa glauca*）的强大基因，叶子也呈现出蓝灰色。

【 修剪笋芽之前的情景 】

【 修剪掉的枝条 】

大约修剪掉 15 支健壮的笋芽和过长的枝条。

将健壮的侧笋芽从基部剪除。

太长的枝条也要修剪到适当的长度。

在秋季也能大量绽放的‘冰山’月季。

秋天会开很多花的‘梦紫’月季、‘腮红冰山’月季、波斯菊和‘重瓣樱桃红’小百日草。

选用在秋季也开得很好的月季

具有四季开花属性的月季，在秋季也会绽放。但是其中有在春秋两季开花都很多的品种，也有在秋天会开花，但开花较少的品种。

刚刚接触月季的新手，建议种一些秋季花朵较多的品种，这样秋天的花园看上去就不会冷清了。

在秋季花色变深的‘你的眼睛’月季。

‘安格莉卡’月季的春花（左）和秋花（右），春季和秋季的花量都很大。

同期需要进行的其他花草的养护管理工作

来年的准备工作

从10月份开始种植郁金香和洋水仙等秋植球根花卉。进入11月份，拔除从夏季开放到秋季的草花，更换成晚秋到春季的草花。大丽花等春植球根花卉很难在室外过冬，11月左右就需要将其挖出，为了防止其过分干燥，可埋入蛭石里，并放到箱子或者塑料袋中进行保存。

月季的冬季修剪

1~2月
（寒冷地区）**3月**

修剪的利弊

修剪主要有 4 个目的。

① 促进月季的新陈代谢。随着新枝的生长，月季的老枝会逐渐枯萎，修剪枝条可以促进新陈代谢。

② 去除弱枝条和枯萎的枝条，改善通风，预防病虫害。

③ 使外观看上去更加清爽、美观。

④ 控制植株的形态和高矮。可以通过修剪长得过高的枝条来降低植株的高度，让凌乱的树形变得整齐。

但是需要注意的是，枝条里储存了生长所需的养分，修剪会导致养分流失。因此修剪有利有弊，需要权衡利弊后再行修剪。具体来说，长势旺盛的品种可以采用大胆的修剪方式，微型月季等类型则修剪至枝条间留有空隙的程度即可。长势较弱或是发育不良的植株，不要重剪。

掌握修剪的流程

修剪的基本顺序是先摘掉叶子，把握植株的整体形态，再将枯枝和没有开花希望的弱枝从基部剪去。但是也有乍看已枯萎，实际上还活着的枝条。剪开后，如果芯是绿色的话，就说明是活着的。

何种粗细程度的枝条可称为弱枝，需要根据品种和生长程度来定。对应不同大小的花朵，可以开花的枝条的大致标准是：大型花为铅笔粗细，中型花为筷子粗细，小型花为竹签粗细。如果未达到以上标准，就可以称为弱枝。但即便同样是大型花，根据品种的不同，也会出现有的枝条特别粗，有的没那么粗的情况。这个方式只能用于综合判断，仍需要按实际情况进行适当调整。

有些生长不良的大型花品种，能达到铅笔粗细的枝条太少，可以先退一步按照筷子粗细来修剪。相反，生长旺盛的小型花品种，可能会有很多竹签粗细的枝条，这种情况下，就提高标准，按照筷子粗细来修剪。

修剪的时期为1~2月，为了防止下雪压断枝条，12月中旬的时候也可以先行临时修剪，降低植株高度。

[枝条的种类]

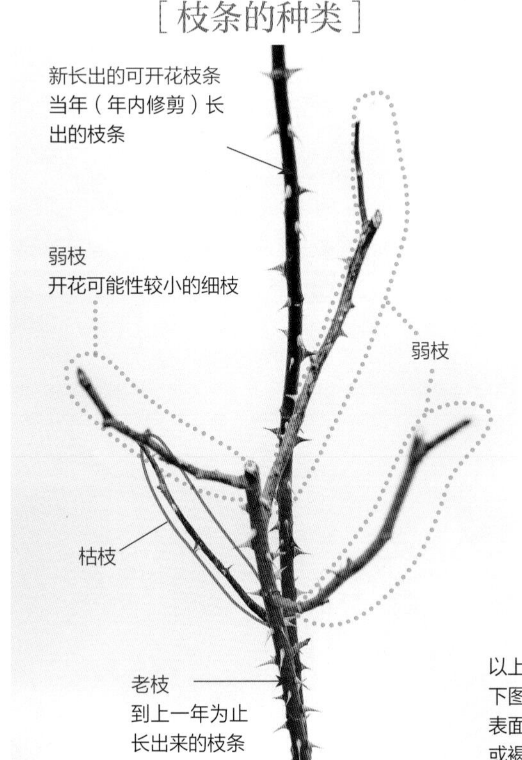

[老枝与新枝的区分方式]

以上 2 张图片拍摄的是同一植株的不同部位。上图中发黑且表面粗糙的是老枝，下图中光滑且色泽鲜红的是新枝。虽然不同的品种，枝条的颜色会不一样，但表面发黑粗糙的就是老枝。此外老枝的刺较为干燥，呈灰色，新枝的刺是红色或褐色，有新鲜的感觉。

[基本的修剪]

1 摘掉叶子

熟练的园丁可以一边摘掉叶子，一边修剪。但最好事先把叶子全部摘掉，这样能更清楚地看到植株的形态。这项工作对预防来年的病虫害也很重要。

2 剪掉枯枝

从基部剪掉枯枝。

3 剪掉弱枝

从基部剪掉没有希望开花的弱枝。

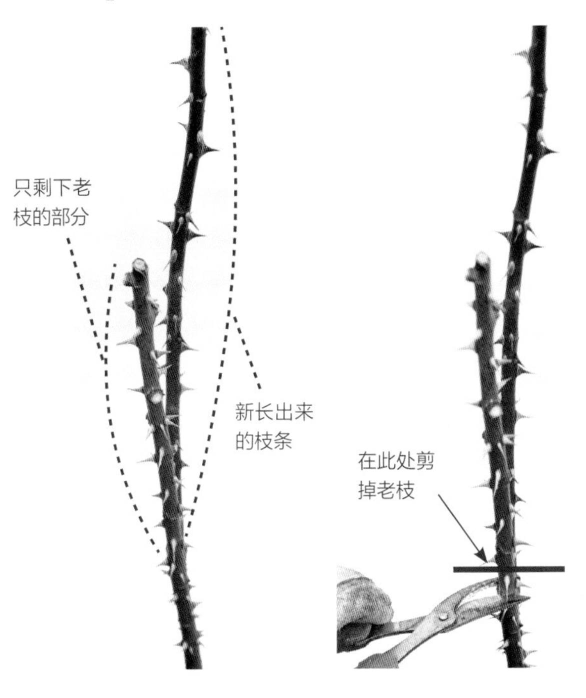

4 剪掉老枝

月季是通过新枝和老枝世代交替生长的，所以要将没有活力的老枝从基部剪掉。照片上左边的例子是剪去枯枝和弱枝后，仅剩老枝的样子。这种情况下再剪掉老枝。熟练的话，枯枝、弱枝、老枝可以一次性全部剪掉。

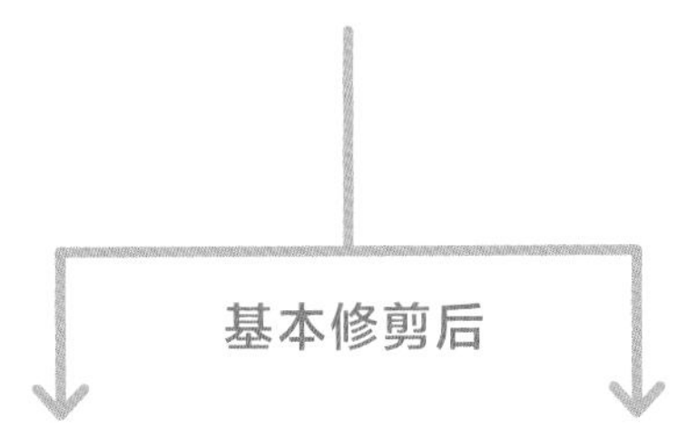

藤本株型月季

牵引

直立株型月季

剪短

直立株型月季的修剪①

[标准类型]

直立株型的月季，要考虑好希望它春天
在什么高度开放，再进行修剪。
基本的修剪高度是，生长旺盛的品种剪掉整体的 1/2，
生长缓慢的品种剪掉整体的 1/3。
‘莫妮卡 · 戴维’月季生长较慢，修剪时以轻剪为宜。

<例>‘莫妮卡 · 戴维’月季

1

首先把叶子摘干净，将枯萎的枝条从基部剪掉。

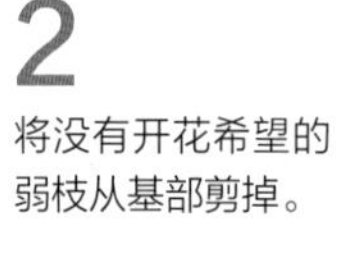

2

将没有开花希望的弱枝从基部剪掉。

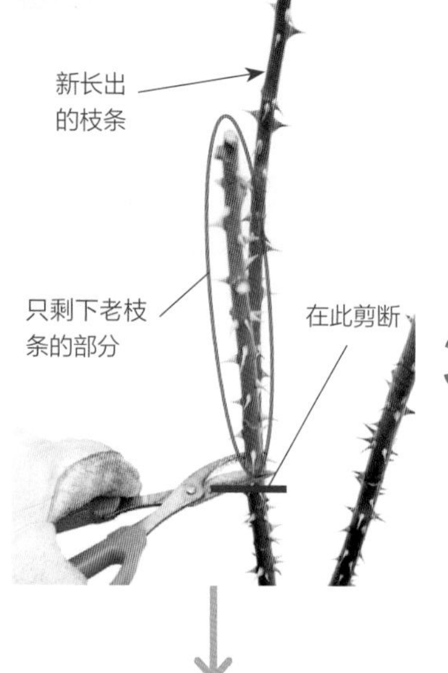

3

剪掉枯枝和弱枝后，只剩下老枝的部分，为了促发新枝来更新，也要剪掉。

4

由于该品种的开花枝不会长到太长，一般只到 30cm 左右，因此为了便于闻到香味，在距地面 60cm 左右的高度剪断。

5 如果想剪断的部位处于分节处，且节基部有芽点的话，可以在分节上方修剪。春季从一个节上会发出多个芽。

6

大致修剪完毕的样子。在这个基础上，整体观察月季植株的平衡，整理过密的部分，考虑芽的生长方向，继续调整和修剪。

7

枝条重叠或拥挤的部位，需要整理。修剪哪一根枝条，是根据芽的生长方向来决定的。左图从基部剪断中央的枝条，可以防止再发芽时的拥挤。

要点提示

矫正枝条的方向

直立株型的月季，如果粗枝条向着同样的方向，可以竖立支柱来矫正枝条的朝向，这样株型会更平衡。

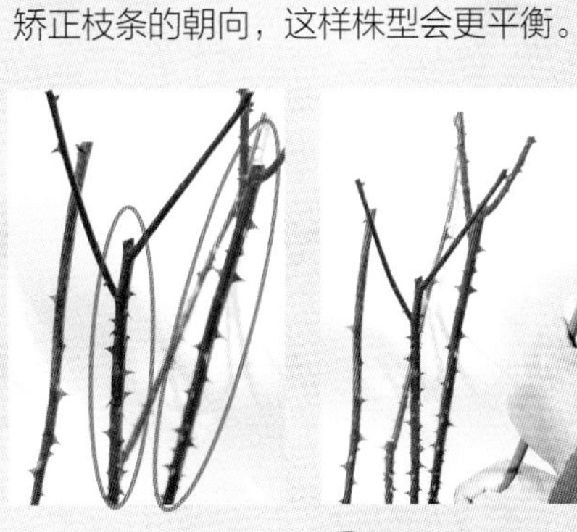

1 两根粗枝条向着同一方向。

2 将支柱牢牢地立在想要枝条朝向的方向上。为了不影响开花期的美观，支柱稍短些为宜。

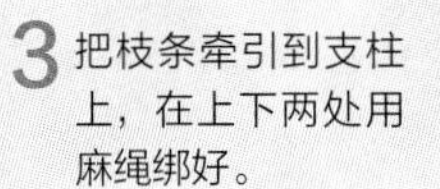

3 把枝条牵引到支柱上，在上下两处用麻绳绑好。

8

修剪结束的样子。右侧2根粗枝条朝向同样的方向，需要从此处矫正枝条的朝向。

【修剪前】

【修剪后】

修剪到约一半的高度

开花时

'莫妮卡·戴维'月季的花瓣顶端尖突出来，纤细优美，很有特色。具有强烈的没药香气，属于直立株型中的半直立性类型，树形紧凑茂密，开花性也很好。

直立株型月季的修剪②

[生长旺盛的类型]

花枝长度在 50cm 以上的月季，
如果开到第三茬花，植株可生长到相当高的高度。
这类生长旺盛的品种，应根据生长状况进行
2/3 ~ 3/4 的重剪，以控制植株高度。
此外，可藤可灌株型的月季中，直立性的品种也
以此修剪方式为宜。

＜例＞‘安娜 · 帕芙洛娃（Anna Pavlova）’月季

【 修剪前 】

这是修剪前的样子。枝条伸展得很长，超过2m。为了使花开在便于观赏的高度，并使树形均衡，需要进行重剪。

【 修剪中 】

这是先修剪掉左侧一半后的样子。与右侧修剪前的样子比较，降低到约 1/4 的高度。从这里再生长出 50cm 左右的花枝，恰好能在便于观赏的高度开花。

【 修剪后 】

这是修剪结束后的样子。通过重剪控制了植株高度。

直立株型月季的修剪③

[生长不良的类型或矮小的类型]

对于株高仅在 1 ~ 1.2m 的矮小直立株型月季，以及因各种原因
生长不良的植株，需要轻剪，以保存体力。
修剪程度控制在略微修剪即可。与其说是修剪，不如说是疏枝。

＜例＞‘维索尔伦（Verschuren）’月季

【 修剪前 】

这是修剪前的样子。植株生长状态不佳，即使是枝条伸展得最长的位置，树高也只有 50cm 左右。

【 修剪中 】

剪掉枯枝、细弱枝并摘除叶片。

【 修剪后 】

仅作轻微修剪，较细的枝条也保留。

‘维索尔伦’月季的特征是叶上有斑，开淡粉色浅杯状花。由于植株生长不良，仅略微修剪即可。下图为第二茬花开始开放的样子。

可藤可灌株型月季的修剪①

[横向展开的开张型] <例>‘索莱罗’月季

横向展开、枝条柔软的开张型月季，如果重剪，枝条会长得很长，成簇开花的时候不能承受花的重量。对于这种性质的月季，应该轻度修剪，从上方开始，只修剪掉大约 1/3~1/2 的程度。

枝条伸展得很长，凌乱缠绕在一起的样子。首先摘掉叶子，从基部剪掉枯枝和弱小的枝条。

确认芽的伸展方向后，从上方修剪掉大约 1/3~1/2。

比较细的枝条也会开花，适度保留细枝条。

枝条柔软，有点垂头开花的‘索莱罗’月季，散发清爽的水果香气，树形自然展开，花多。

可藤可灌株型月季的修剪②

[一季开花的品种]

一季开花的月季，如果修剪得过短，有些品种将不能开花。所以只修剪枝条顶部一截比较安全。因为直立状态时只能在顶端开花，所以用砖头的重量让它横躺下来。

<例>‘博雷佩尔司令’月季

1 如果修剪过度，植株会难以开花，所以只剪掉枝条顶端就可以。

2 修剪后的样子。

3 将绳子一端系在砖头上，另一端绑在枝头，最长的枝条会因为砖头的重量而垂下。调整绳子的长度，使枝条以自然的感觉接近水平状态。

左侧是‘博雷佩尔司令’月季，前方是‘魔法公园’月季。它们即使在树荫下的半阴环境中，花也开得不错。古老月季很适合这样自然的氛围。

藤本株型月季的修剪和牵引

12 月下旬 ~ 次年 1 月

利用"顶端优势"的特性

藤本株型月季修剪的基本方法最开始和直立株型月季相同（参考第 48 页）。但不仅限于像直立株型月季那样修枝短截，也会保留长的枝条，通过牵引来控制其株型和高度。月季有"顶端优势"的特性，也就是植株的营养会优先输送到植株高处的芽点。因此，如果对藤本株型月季的枝条不做处理、任其直立生长的话，根据品种不同，会出现只在枝条顶端开花的情况。这时，可以将枝条拉倒，使其横卧，这样就可以让更多的芽变成"顶芽"，从而开出更多的花。

月季中也有像'安吉拉'、'芭蕾舞女'等，即使枝条直立也还是能从下方开始开出很多花来的品种。但像'洛可可'这类大型花的藤本月季，如果枝条竖立不做处理的话，就会只在顶端开花。另外，还有些只能在枝条顶端开花的品种，这类品种即使将枝条横拉牵引以后，原先的底部还是不会开花。对于这类品种，如果枝条数量够多，后期靠有层次的修剪，使枝条顶端高低错落，到了春天也能开成一面花墙的效果。

藤本株型月季的修剪要早于直立株型月季

修剪的顺序是，如果还有叶片残留的话，首先把残叶全部摘除。接着将枯枝、弱枝、长势停滞的老枝，全部从基部剪除。开花枝则修剪到保留 2 ~ 3 个芽点。枝条修剪工作结束以后就可以进行下一步的牵引工作了。

藤本株型月季的牵引方法虽然因构造物的不同而有所区别，但都是从粗壮的枝条开始牵引，因为这些枝条都是开花的主力。另外，粗壮的枝条很难弯曲造型，所以最好先将它们牵引固定，占好位置。后续相对细弱的枝条比较好处理。

藤本株型月季的修剪、牵引的优先级要高于直立株型月季的修剪。因为如果藤本株型月季牵引不及时，植株萌芽后才做牵引的话，很容易把芽碰擦掉。

如果即将错过修剪期，那么建议优先修剪一季开花的品种。因为四季开花的品种即使不小心碰擦掉芽点，腋芽也能长出来并在当年开花，但一季开花的品种修剪迟了的话，可能当季就开不了花了。

[牵引的基本操作]

顶端开花的类型

有层次地修剪、牵引

部分品种横拉牵引以后，枝条底部还是很难开花，对于这类品种，如果枝条数量够多，通过不同长度的修剪，再做错落有致的牵引固定，也能达到让花开满的效果。

整枝开花的类型

尽可能地横拉牵引

整枝开花的品种横拉牵引以后，枝条底部的芽点也能长成花芽开花，所以尽可能地横拉牵引即可。

[牵引到栅栏上]

长枝可以 U 形牵引

在栅栏上牵引时，如果是枝条相对柔软的品种，长枝条可以做 U 形牵引。
要想使植株在整个栅栏上均匀地开花，须考虑枝条生长的朝向和牵引固定的位置进行牵引。
容易在枝条顶端集中开花的品种则要错落有致地进行修剪及牵引。

基本的牵引

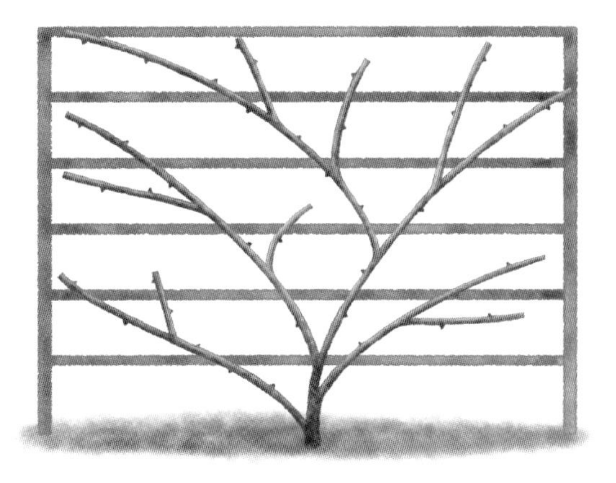
错落有致的修剪及牵引

[牵引到塔形花架上]

以螺旋形牵引为基础

在塔形花架上牵引时主要采用螺旋形牵引。但是，对于枝条粗硬、很难弯曲的品种，或者枝条顶端集中开花的品种，要错落有致地修剪和牵引。

[牵引到拱门上]

以 S 形牵引为基础

向拱门上牵引时，基本按照 S 形来操作就可以。但是，对于枝条粗硬、很难弯曲的品种，或者枝条顶端集中开花的品种，要错落有致地修剪和牵引。

基本的螺旋形牵引

错落有致的修剪及牵引

基本的 S 形牵引

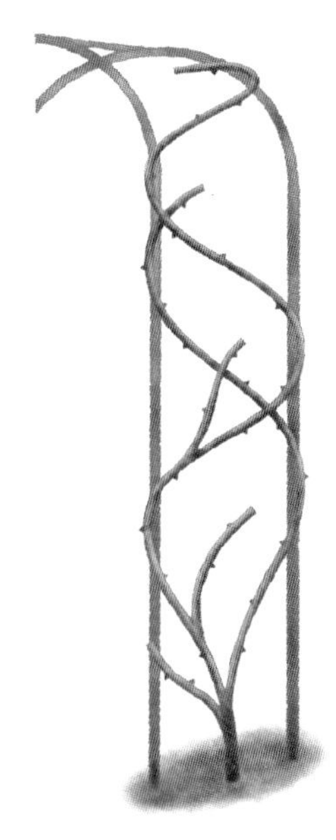
错落有致的修剪及牵引

牵引到栅栏上

<例>‘艾芬豪’月季

首先进行基本的修剪和花后枝条修剪，修剪完成后开始牵引。

牵引到栅栏上的时候，从本年度生长的最强健的笋枝开始牵引。因为它是开花的主要枝条，而且粗壮的枝条不容易弯曲，所以要优先为它占好位置。

‘艾芬豪’是一个长势旺盛、抗病性强、枝条细长而柔软的月季品种。花径大约5cm，开花多，笋芽的基部到顶端都会开花，适合牵引到大型的栅栏和墙面等宽阔的场所。

像‘艾芬豪’这样枝条柔软的月季品种，也可以把太长的枝条U形弯曲牵引。一边想象着它春季会怎么开花，一边把它牵引到栅栏上，使其布满整个栅栏。

[基本的修剪]

1 操作不熟练的人，最好把之前的牵引绳解除后再进行操作。

2 把叶子都摘掉。

3 将枯枝和弱枝从基部剪掉。

4 把不要的老枝也从基部剪除。

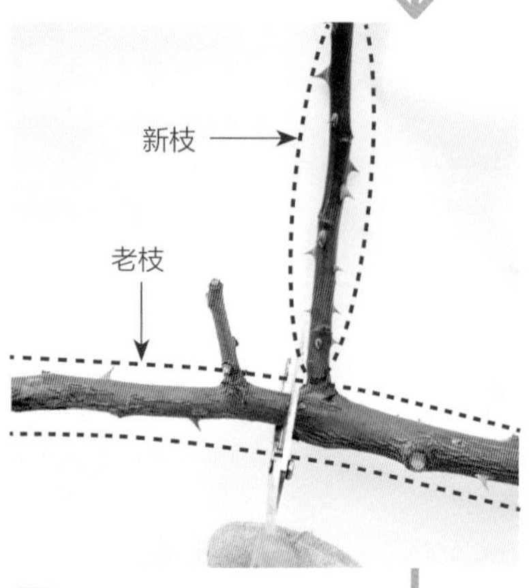

5 如果新枝是从老枝的中间发出的，则将老枝从新枝的基部附近剪除。

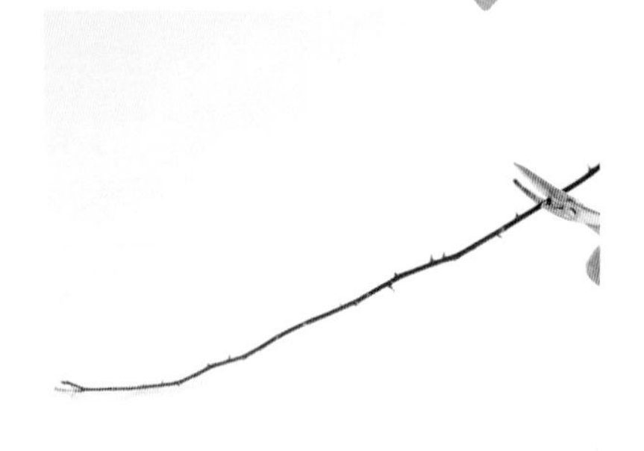

6 笋枝的未成熟部分可能会因为冬季的寒冷而枯萎，所以最好将枝梢剪掉 20~30cm。

[开花的枝条]

上一季开过花的枝条，保留 2~3 个节，
其余剪掉，这样春季开花时姿态就不会散乱，
整体会呈现清爽整齐的状态。如果保留长枝条，
则会让开花时的姿态凌乱。

【修剪前】

【所有枝条大致修剪完的样子】
一边牵引，一边剪掉多余的枝条和枝梢。

[笋枝有分枝的情况]

有些健康壮实的笋枝会在枝条中间部位分枝，
视植株的整体生长状态，可以保留全部枝条，
也可以修剪掉部分枝条。
整理枝条的时候，请参考以下步骤。

1
剪掉细枝条，枝条基部有芽的话，不要伤到它，修剪时将芽保留下来。

2
将笋枝上的分枝剪掉后的样子。

要点提示

暂时绑扎

用绳子绑扎分枝的枝条，暂时固定后，其他枝条的牵引工作就容易了。

[牵引长枝条]

如果是枝条柔软的品种，其长枝条可以U形牵引。
为了使花在整个栅栏上均匀地开放，
要考虑好牵引的角度，适当让枝条与枝条交叉。

1
尽量沿水平方向牵引并固定。

2
U形弯曲时要小心，避免折断枝条。可以将枝条绑在一起。

3
U形弯曲后，将剩余的部分在空余的空间里牵引均匀。

要点提示

根据弯曲的方向不同，需要注意的事项也不同

牵引枝条的时候，根据弯曲的方向不同，枝条承受负荷的位置也不同，例如右图所示，枝条向右牵引和向左牵引时，要注意的点是不一样的。向右牵引的时候，枝条容易从基部开裂，而且这种情况下，不容易有预兆，因而要一边留意枝条基部一边谨慎地进行操作。向左牵引的时候，随着弯曲的动作，枝条在断裂前会发出吱吱的声音，一边观察，一边缓慢小心地操作。

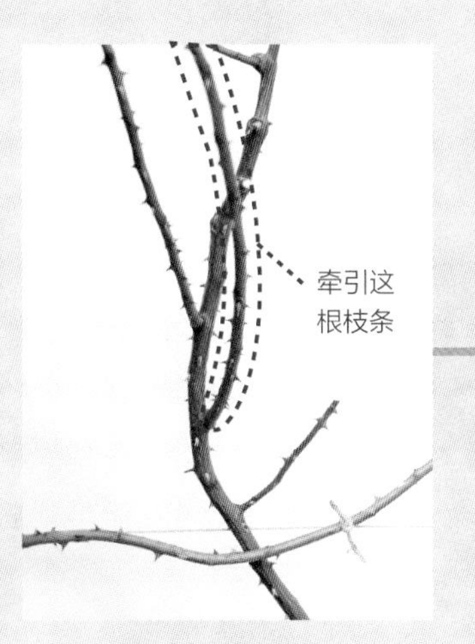

因为两根枝条平行朝向同一方向，所以要将其中一根向左或向右牵引。

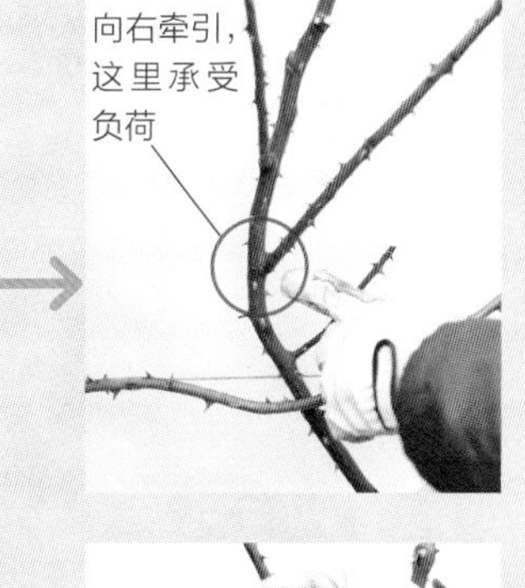

向右边拉扯牵引下面的枝条的时候，枝条容易从基部断裂，要十分注意。

向左牵引的时候，枝条发出吱吱的声音时，就要小心操作。

牵引完毕后，把突出来的部分修剪掉，就彻底完成了。可以看到枝条交叉在一起，被均匀地牵引到整个栅栏上了。

密密麻麻开满花的‘艾芬豪’月季。紫红色的浅杯状花，花芯位置呈白色。开花性很好，数朵聚集成簇开放。

‘杰奎琳·杜普蕾（Jacqueline du Pre）’

花径约 7cm/ 藤长约 2m/ 强香 / 四季开花～重复开花

早花品种，四季开花性强，可以一直开到秋天，香气是辛辣香型，生长稳定，粗枝条坚硬不易牵引。

【栽培要点】主要在上一年的枝条顶端开花，所以要有层次地修剪和牵引。容易结果实，务必剪掉残花。

‘好地方（Mahoroba）’

花径约 8cm/ 藤长约 2m/ 强香 / 四季开花～重复开花

薰衣草色混合淡茶色的杯形花成簇开放。早花品种，香气是辛辣香、蓝香和没药香的混合香型。枝条粗，但意外的容易牵引。

【栽培要点】容易结果实，需要摘除残花。牵引后，短枝整体开花。将伸长的枝条剪短后也可作为直立株型月季栽培。

‘卢森堡公主西比拉（Princess Sibilla de Luxembourg）’

花径约 7cm/ 藤长约 2m/ 强香 / 四季开花～重复开花

紫红色的花平展状开放，全株开满花。刺多，粗枝条较硬，长势旺盛，抗病性佳，在半阴处也可以适应。是献给卢森堡王妃的品种。

【栽培要点】修剪到较短的话也可以作为直立株型月季使用。容易结果实，需要剪掉残花。

‘甜梦（Sweet Dream）’

花径约 4cm/ 藤长约 2.5m/ 微香 / 重复开花

花朵持久性好、杏黄色、杯状，数朵成簇开放。从植株基部开始到枝梢开满花朵，开花期很是壮观。枝条细软，容易牵引。

【栽培要点】容易生发笋芽，即使冬季剪短后，也能很好地开花。

‘藤本夏雪（Summer Snow, Cl）’

花径约 5cm/ 藤长约 3m/ 微香 / 一季开花

波浪状花瓣半重瓣开放，数朵集成大簇开放，盛开时几乎覆盖全株。枝条柔软伸展，几乎无刺，牵引容易。花朵持久性好。

【栽培要点】对白粉病的抗性较弱，直到长成大株为止，建议使用药剂防病。

图鉴的使用方法

■ 花径：以春季的第一茬花为基准。
■ 开花期：四季开花——春季至晚秋时节持续、有规律地开花。一季开花——只在春季至初夏时节开 1 次花。
重复开花——春季至初夏时节开过 1 次花后，会不定时重复开花，主要是在夏季之前开花，秋季开花少。或者春秋开花，夏季开花数量少。

‘粉色达芬奇（Leonardo da Vinci）’

花径约 6cm/ 藤长约 2.5m/ 微香 / 重复开花

玫红色的花杯状开放，开花性佳，数朵成簇开放。笋枝是中等粗细，长势强，抗病性佳，容易栽培。

【栽培要点】笋枝柔软，适于螺旋形牵引到塔形花架上，或是在拱门上 S 形牵引。

‘伽罗奢（Gracia）’

花径约 5cm/ 藤长约 1.8m/ 微香 / 四季开花 ~ 重复开花

淡桃红色半重瓣花，开花性佳，成大簇开放，若不修剪残花，秋季可以欣赏到果实。四季开花性强，伸长的枝条顶端一定会开花。

【栽培要点】枝条细而软，可以自由牵引。

‘科尼利亚（Cornelia）’

花径约 5cm/ 藤长约 2m/ 中香 / 四季开花 ~ 重复开花

带有杏色的粉色花呈绒球状开放，开花性好，数朵成簇开放。花期稍晚，持久性好。容易萌生笋芽，枝条柔软，容易牵引。秋花颜色变深。

【栽培要点】易染上叶螨（红蜘蛛），要注意防治。

‘落日华光（Sunset Glow）’

花径约 7cm/ 藤长约 2.5m/ 强香 / 重复开花

暗橙色的花瓣呈波浪状开放，成簇开花。到夏末为止会重复开花，秋季也会少量开花。笋枝刺少，细而软。抗病性佳，强健。

【栽培要点】开花以新枝顶端为主，因而要有层次地进行修剪、牵引。

‘龙沙宝石（Pierre de Ronsard）’

花径约10cm/ 藤长约 3m/ 微香 / 重复开花

1 朵到数朵花成簇开放，略有垂头。花枝短，开花性和花的持久性都很好。香气是清淡的水果香。

【栽培要点】枝条粗硬，做拱门比较困难。成为老株后不容易萌生笋芽，要珍惜老枝条。

‘蒙娜丽莎的微笑（Sourire de Mona Lisa）’

花径约 8cm/ 藤长约 1.5m/ 微香 / 四季开花 ~ 重复开花

明亮的红色圆瓣花呈杯状开花，1 朵或数朵花成簇开放，开花性和花的持久性都很好。枝条刺少，柔软。抗病性佳，强健，适合用于低矮的栅栏。

【栽培要点】成株后不再容易萌生笋芽，要珍惜现有的老枝条。

牵引到拱门上

<例>‘米卡摩’月季

此处以开花性好、香气浓郁的‘米卡摩’月季为例，把它牵引到拱门上后，穿过拱门时，可以享受到怡人的香气。种植数年后，枝条可以攀援到拱门的顶部，但植株基部的枝条会变得稀疏。这种情况下，可以采用“有层次的修剪牵引”和基础的“S形牵引”相结合的方式，以实现从基部直到拱门顶端都开满花朵的效果。

避免让基部发出的笋芽向上延伸，剪短后向低处横拉，这样靠近基部的位置也可以有花开放。植株的较高部位则采用基础的S形牵引。

修剪前

1 叶子全部落尽的样子。可以看到枝条伸展得很长了。

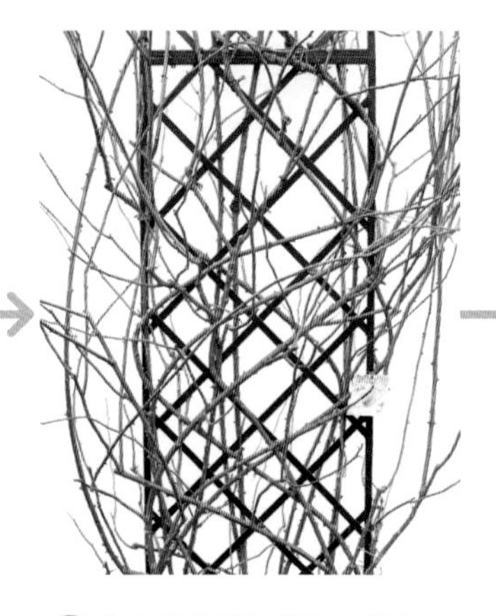

2 修剪前的拱门侧面，枝条拥挤，细枝多。

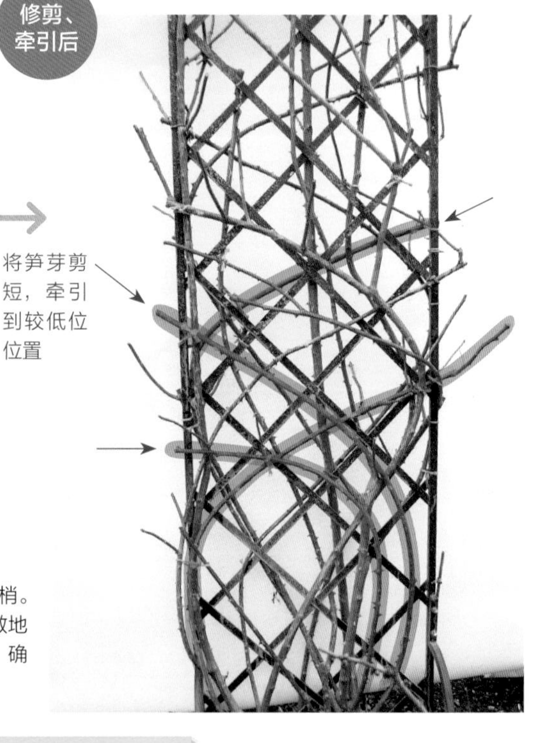
修剪、牵引后

将笋芽剪短，牵引到较低位置

3 剪掉枯枝、弱枝、老枝，适当修剪枝梢。把长枝和老枝上长出的分枝呈S形松散地牵引。剪短基部的笋芽，向低处横拉，确保在这个高度也能开花。

同期需要进行的其他花草的养护管理工作

灌木的修剪

新枝开花的‘安娜贝拉’绣球，在早春抽出的新枝上开花。将老枝修剪到适当的长度，老枝上萌发的新芽就会开花。在冬季，如右图所示，贴近地面修剪后，从植株基部会冒出更强壮的新芽，开出大朵的花。

希望控制株高或枝条过于拥挤希望更新的时候，要在冬季贴近地面果断地强剪。

「安娜贝拉」绣球的修剪

新枝开花的‘安娜贝拉’绣球，在哪个位置修剪都可以。贴近植株基部修剪的话，春天会从基部冒出新芽。

拱门顶部

从第 60 页修剪前的样子可以看出，枝条伸展得很长，有的枝条已经没有可牵引的地方了。这种情况下，要和当年开过花的枝条一样，保留 2~3 节后剪短。

在第 2~3 节的位置剪断

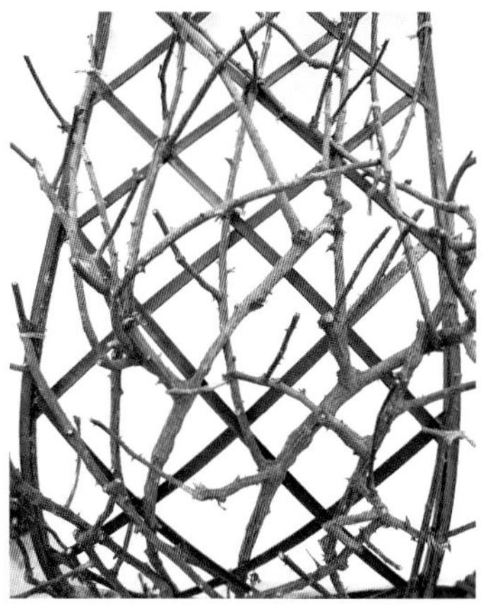

从上方观察修剪、牵引后的拱门顶部。

开花时

‘米卡摩’月季深紫红色的花，在开花过程中会逐渐变成深紫色。开花性好，数朵花成簇开放，有着浓郁的香气。

修剪、牵引后的拱门顶部。如图所示，枝条从拱门上稍微伸出来。

修剪、牵引结束

修剪到冒出来的枝条长度是距离拱门20cm左右，这样开花后就会有自然的分量感。

1

叶子全部掉落以后的样子。能看出枝条已经伸展得非常长，所以可将老枝、弱枝等直接从基部剪除，做利落的修剪。

牵引到塔形花架上

<例>‘格罗丽亚娜（Gloriana）’月季

在塔形花架上牵引的基本方法是螺旋形牵引法。将花枝沿着塔形花架一圈圈盘扎上去。

‘格罗丽亚娜’月季是一款开花性很好的品种，中型的花朵成簇开放。因为属于早花品种，因此相比其他月季，人们能较早地欣赏到它开花。图中的这株月季长势旺盛，笋枝粗壮、强健有力，枝条虽然较粗，但具较好的柔韧性，因此能做螺旋形牵引。

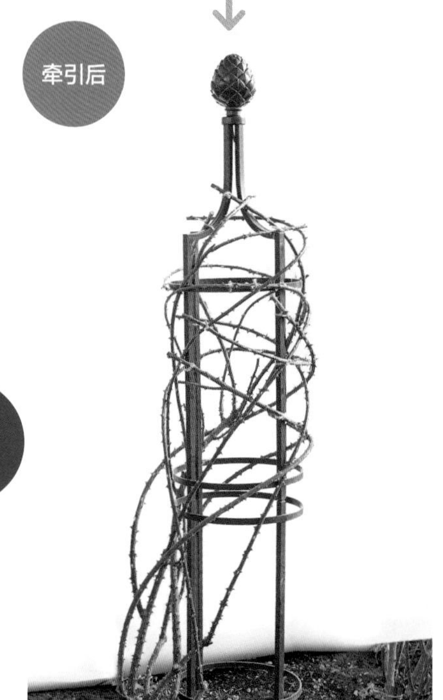

2

减少枝条数量，仅留下粗壮强健的枝条，螺旋状牵引、固定在塔形花架上。绑扎绳可以系在塔形花架上，也可以系在枝条之间。

花色艳丽、引人注目的‘格罗丽亚娜’月季，中型花朵成簇绽放，在塔形花架上演绎出华丽、壮观的景象。

不要将月季栽种在塔形花架中间！

安装塔形花架的时候，如图所示，要将月季栽种在塔形花架外侧。如果栽种在塔形花架内，后续枝条的抽拉移动以及修剪、牵引等操作都会变得困难。

牵引到树木上

<例>‘玉蔓’月季

将月季牵引在树木上时，建议选择枝条柔软、垂头开放的品种。‘西班牙美女’‘龙沙宝石’等品种的花虽然是大型花，但都是垂头开花的，所以也很适合牵引到树木上。

‘玉蔓’月季圆嘟嘟的粉色花朵成大簇开放，花期很长，盛开的时候，整个植株开满花朵。枝条柔软，易弯曲造型，将枝条沿着树干直立牵引到一定的高度后，再沿着树枝牵引，让人感觉像是从树枝中抽出来的花枝，营造自然生长般的和谐氛围。

‘玉蔓’月季的花径约3cm，圆嘟嘟的杯状粉色花朵成大簇绽放。花枝少刺且柔韧，是很容易牵引的品种。轻柔地将枝条牵引到树干上，演绎出无比自然的开花效果。抗病性佳，即使栽种在半阴处也能健康地生长。

1 叶子全部掉落后的状态。

2 细枝也能开花，所以尽量都予以保留。只需剪除枯枝，稍加修剪枝梢即可。

3 将枝条沿着树干用绳子固定住。

要点提示

让枝梢斜逸出来

将枝条绑扎在树枝上时，让枝梢斜逸出来，这样开花时就能呈现出自然的效果。

适合拱门和塔形花架的月季品种

‘玛丽 · 居里 IYC2011（Marie Curie IYC2011）’

花径约 7cm/ 藤长约 2m/ 强香 / 四季开花～重复开花

象牙色的波浪状花瓣似紧抱着花芯绽放，通常数朵花成簇开放。早花品种，香气浓郁的花朵能一直开到秋季。是一款长势强健、很容易栽种的品种。此款月季是为了纪念居里夫人获得诺贝尔化学奖一百周年而由其孙子命名的。

【栽培要点】易感染白粉病，建议药物防治。

‘安吉拉（Angela）’

花径约 6cm/ 藤长约 2.5m/ 微香 / 四季开花～重复开花

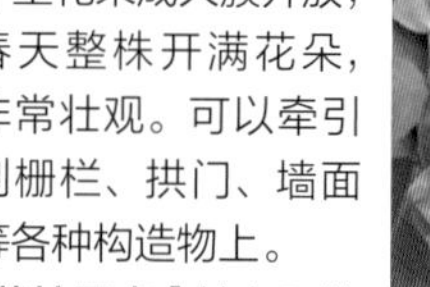

开花性佳，花期长，中型花朵成大簇开放，春天整株开满花朵，非常壮观。可以牵引到栅栏、拱门、墙面等各种构造物上。

【栽培要点】枝条即使任其直立不做牵引也很容易开花，所以若作为直立株型月季栽培，夏末修剪以后，秋季还能再开花。

‘芭蕾舞女（Ballerina）’

花径约 3cm/ 藤长约 2m/ 微香 / 四季开花～重复开花

淡桃色的花朵中间为白色，单瓣花。花成大簇开放，整个植株开满花朵。是十分强健、容易栽种的品种。即使剪短后，也能很好地开花。

【栽培要点】花后如果不做修剪，到了秋天可以欣赏到红红的果实。如果希望其复花，则需要进行花后修剪。

'温彻斯特大教堂'
'玛丽·罗斯'

'夏洛特夫人（Lady of Shalott）'
花径约 8cm/ 藤长约 2.5m/ 中香 / 重复开花

花瓣内侧是深橘色，背面是淡橘色，杯状花型，1~3 朵花成簇开放。枝条纤细，叶片呈亮绿色。香气为茶香中混合着轻微的苹果香。
【栽培要点】在伸展的枝条上，从底部到枝梢都能开花。剪短枝条后，也可以作为直立株型月季来栽培。

'温彻斯特大教堂（Winchester Cathedral）'
'玛丽·罗斯（Mary Rose）'
花径约 8cm/ 藤长约 1.8m/ 中香 / 四季开花 ~ 重复开花

花型为莲座状，开花性良好，数朵成簇开放。枝条偏细，分枝性佳，株型饱满。枝条经牵引之后，只要是前一年抽发的枝条，从底部直到枝头都能开花。'温彻斯特大教堂'是'玛丽·罗斯'的芽变白花品种。有着温和的中等程度的没药香气。
【栽培要点】长势、抗病性中等，培养成大的植株以后可以实现无农药栽培。也可以修剪后作为直立株型月季来栽培。

'贾博士的纪念/忆贾曼博士（Souvenir du Docteur Jamain）'
花径约 7cm/ 藤长约 2m/ 强香 / 重复开花

花瓣深紫红色，有着天鹅绒般的质感，莲座状开花。香气为浓郁的大马士革香型。刺少，枝条纤细柔韧。因为花枝较短，所以可以沿着构造物盛开。
【栽培要点】抗黑斑病能力较弱，建议使用抗菌药物防治。

‘繁荣（Prosperity）’

花径约 6cm/ 藤长约 1.8m/ 中香 / 四季开花 ~ 重复开花

花白色，半重瓣，杯状花型，在开花过程中，逐渐变为平展状花型。深绿色的叶片和白色的花朵形成鲜明的对比，美丽动人。春季，整个植株都被花朵包围，花期长，能持久不断地开花。分枝性好，是枝条数量较多的品种。

【栽培要点】易感染白粉病，建议药物防治。

‘舍农索城堡的女人们/达梅思（Dames de Chenonceau）’

花径约 10cm/ 藤长约 2.5m/ 强香 / 重复开花

鲑鱼粉色的大型花品种，杯状花朵随着绽放渐渐变成莲座状。开花性好，花期长，甜美浓郁的香气分外迷人。花的名字意为卢瓦尔河畔舍农索城堡的贵妇人们。

【栽培要点】抽出的枝条通常没有盲枝，都能开花。笋芽的萌发力强，很容易培育成大株。

‘浪漫丽人（Belle Romantica）’

花径约 7cm/ 藤长约 1.4m/ 强香 / 四季开花 ~ 重复开花

花黄色，莲座花型，开花性良好，5~10 朵成簇开放。有着清爽的柑橘系香味。夏季以后抽枝，可以牵引到塔形花架或者拱门上。抗病性佳，是强健、容易栽培的品种。

【栽培要点】长势较为稳健，春季之后仍能多次复花。

‘蓝色阴雨（Rainy Blue）’

花径约 7cm/ 藤长约 1.5m/ 微香 / 四季开花 ~ 重复开花

花色是略显蓝色的紫色，圆瓣，花型平展状，成簇开花，略垂头。从枝条底部开始就能抽芽开花，枝条柔韧，是易牵引的品种。抗病性好，易栽种。

【栽培要点】开花性很好，抽枝稳健，通常栽培 3 年左右可以攀爬到拱门等的顶端。

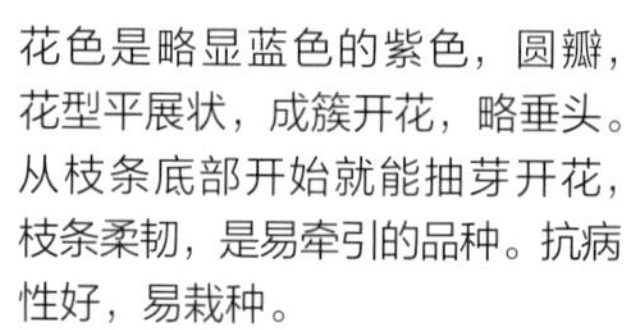

‘萨拉曼达（Salamander）’

花径约 7cm/ 藤长约 2m/ 微香 / 四季开花 ~ 重复开花

有着十分吸引人眼球的鲜红色、条纹图案的花朵，是一款开花性好，花期也特别长的优异品种。可以一直从春季开到秋季。长势好，抗病性佳，对园艺初学者来说，是一款很友好、很容易栽培的品种。

【栽培要点】适合牵引到小型的构造物上，也非常适合用于和风的庭院。

适合凉亭和树木的月季品种

‘藤本朱墨双辉（Crimson Glory, Cl）’

花径约 12cm/ 藤长约 3m/ 强香 / 重复开花

是著名的直立株型月季‘朱墨双辉’的芽变品种。花型规整，花瓣具有天鹅绒般的光泽，非常有质感。垂头绽放，因此，牵引到需要仰头欣赏它的高度会别具魅力。盛开时，周边氤氲着它那强烈的大马士革香气。

【栽培要点】容易感染白粉病，建议药物防治。

‘西班牙美女（Spanish Beauty）’

花径约 10cm/ 藤长约 3m/ 强香 / 一季开花

半重瓣的早花品种。垂头绽放，因此牵引到高过视线的位置欣赏会更有魅力。

【栽培要点】很容易结果，因此花后需要及时剪掉残花。容易感染白粉病，建议药物防治。

‘拉杜丽（Laduree）’

花径约 8cm/ 藤长约 2m/ 强香 / 重复开花

抗病性佳，较容易长成大株。果香型，有着浓郁的水果香味。长长的枝条即使在修剪后仍能开花。多刺品种。

【栽培要点】枝条相对来说比较柔韧，较易牵引，但也有太粗、很难弯曲的枝条。

同期需要进行的其他花草的养护管理工作

需要轻剪的铁线莲品种

<例>'冰美人(Marie-Boisselot)'铁线莲(早花大花组)

老枝开花

"老枝开花"的品种是指前一年抽发的枝条在开春以后，各个花节处再次萌芽，长出数节以后开花的类型。为避免芽的数量减少，仅需修剪掉枝梢枯萎的部分。和月季枝条缠在一起的时候，要小心修剪，注意不要剪断枝条。

【修剪前】

1 将枯叶清理干净以后，再修剪枯萎的枝梢。

【修剪后】

2 修剪的时候，要在两节芽点的中间修剪，这样不容易产生枯枝。

开花时

需要强剪的铁线莲品种

<例>'这泽(這沢)'铁线莲(德克萨斯组)

新枝开花

"新枝开花"的品种是指冬季地上部分的老枝全部枯萎，到来年春天，从底部重新萌发出枝条、在新枝上开花的类型。修剪时可贴地将老枝全部剪除，所以哪怕是和月季的枝条缠绕在一起，也比较好清理。

【修剪前】

1 老枝可以贴地剪除。这个季节，在植株底部已经开始冒出新芽了。

开花时

2 清理和藤本月季的枝条缠绕在一起的铁线莲枯枝、残叶。

铁线莲的修剪

铁线莲的冬季修剪方法视品种不同而异。"新枝开花"的品种，即当年萌发的新枝上才开花的品种，就要贴地修剪。而另一类"老枝开花"的品种，即从往年老枝上萌发出芽后开花的类型，要在修剪时确认活着的芽点的位置，然后在节与节的中间处修剪。而介于二者之间的"新老枝都能开花"的品种，则两种修剪方法均适用。

第3章 月季和其他花草的搭配技巧

月季和其他花草搭配的基础知识

首先要考虑植物特性

用月季和其他花草打造花园的时候，最重要的是选择能在月季喜欢的环境中生长的植物。具体来说，就是偏好日照充足、土壤肥沃、排水性和保水性良好的环境的植物。偏好干燥和阴凉环境的植物，因为和月季的生长环境不同，不宜共同栽种，需要把它们灵活运用在其他不适宜月季生长的空间内。

观花植物与月季组合栽种时，需要考虑与月季花期错开的植物，以便延长观赏期。月季第一茬花的花期结束到第二茬花开放，中间有 30~60 天的间隔期，如果能种植一些填补这段空白期的观花植物，花园就能保持热闹。

月季第一茬花开放之前以及秋花开过后，也需要花一番心思来避免花园显得寂寥。因此，要栽种一些晚秋至早春开花的花木以及一些球根植物、一年生草本植物等，制定一个四季有花可赏的造园计划，这一点是非常重要的。另外，能长期保持美感的彩叶植物对造园也是非常便利的素材。

比起枝条强直粗壮的月季品种，四季开花、可藤可灌株型的月季品种枝条柔韧、分枝性好，更适合与花草搭配，起到相得益彰的效果。像‘伊芙伯爵’这类枝条粗壮的月季品种，可以采取 3 棵丛栽的方式来柔化其植株的粗壮感。

月季和其他花草共同栽种会使通风性变差，在这样的环境中，月季较容易患病，所以建议选择抗病性强的强健品种。

让花园看上去更美的诀窍

什么是“美”是个人喜好的问题，说到底没有标准答案。但也有被广泛认可的审美情趣，除此以外，再能考虑以下几点的话，或许可以使花园看上去更美。

首先要考虑颜色。随心所欲地种植月季和其他花草，颜色杂乱无章的话，花园就会显得不协调。做好色彩规划，有意识地选择同色系或者对比色系，便能呈现更好的美感。

其次要考虑植物的形态。想把月季作为花园的主角，其他植物作为配角的时候，如果在其一旁栽种芍药这种和月季的花型、大小都差不多的植物，就容易使花园给人一种平淡、没有层次的印象。

选择能相得益彰的配角植物也是非常重要的。组合在一起的植物，哪怕花色相同，但只要花朵大小、形状不同，或者叶色、叶形、肌理不同，就不会给人过于平淡无趣的印象。为避免花园平淡乏味，也有必要在低矮的植株之间穿插栽种一些高的植物，营造出高低错落的感觉。

塔形花架上牵引着的藤本株型月季‘格罗丽亚娜’与直立株型月季‘真夜’、彩叶植物矾根、穗状花序的紫柳穿鱼等组合在一起，这是一组综合考虑了株高、花色、叶色等的组合。

管理的诀窍

月季和其他花草搭配种植，比单独种植月季时，病虫害更容易被忽视。因此要细心地观察，发现早期的病虫害。有些病虫害是月季和其他花草都会得的，因此有必要做好花园的全面防治。

还需留意所有植物的生长平衡。有些宿根草本植物会夺取月季的养分，越长越繁茂，从而对月季的生长造成不良影响。这时，就需要把过于茂盛的植株做适度的修剪，或通过拔除、分株等控制其生长。还要特别注意，小型的花草和月季被大型的植株遮挡的话，有可能会枯死。

正例

控制颜色的数量，将相得益彰的色彩组合在一起

淡粉色月季‘腮红冰山’和略带粉色的薰衣草色月季‘黄昏/暮光（Tasogare）’，以及月季脚下的薰衣草组合在一起，相得益彰的色彩构成了和谐的景观。

美丽的秘诀 1

注意色彩搭配

月季和其他花草组合栽种时，有意识地选择同色系或者能相互衬托的色系，就能形成统一的花园景观。反之，无序地将各色植株混栽，则容易让花园显得杂乱无章。

反例

不做色彩规划，在狭小的空间内塞入各色花草，整体杂乱无章，给人一种烦躁感。

美丽的秘诀 2

避免平直、呆板

整齐地种植相同高度的植株会造成平直、呆板的印象。将花形、叶形、叶片质感不同的植物混合栽种，就不会那么平淡无趣了。将不同株高的植物错落有致地栽种也尤为重要。

反例

只是将相同高度的植物整齐地种植在一起，给人一种平坦呆板的印象。

正例

用株高和形态不同的植物打造立体美感

地被植物美女樱、比月季稍低一些的‘卡拉多纳’林荫鼠尾草、比月季高一些的麦仙翁，以及直立性很好、开成球状的大花葱等组合在一起，各种高度和形状的植物演绎出丰富多彩的立体空间。

同色系但不同高度的组合示例

在高大的‘藤冰山’月季周围均衡地配植了单瓣月季‘雪子’以及白花的毛地黄、山桃草等高度不同的植物。虽然都是白色系，但很好地利用了植株的高低差异，打造出极富层次感的景观。

第1课

月季和其他花草的色彩搭配

同色系花卉搭配彩叶植物，打造零失败的组合

用月季和其他花草打造花园时，只要有意识地进行色彩搭配就能使花园变得更有品位。关键在于如何运用同色系或对比色系搭配出相得益彰的效果。其中，同色系搭配是一种初学者也能轻松上手的搭配方式。

例如，将几种花径不同、浓淡各异的粉色月季共同栽种，并在其脚下种植粉色石竹等，就是一个很好的将月季和花草进行同色系搭配的案例。又比如，在黄色系的花园一角加入青柠绿色的矾根等，不仅仅考虑了开花植物，还很好地运用了同色系的彩叶植物。叶片比花的观赏期更长，因而彩叶植物是造园的一大重要法宝。

利用对比色使同色系的花园产生曼妙的变化

只有同色系搭配的话，会给人一种比较平淡的印象，如果能加入对比色等互相衬托的颜色，就能改变色彩的印象，使整个花园立刻变得生动起来。这时不单是花，再活用一些彩叶植物，就能打造出更为丰富灵动的花园风景。

‘思念（Thinking of you）’月季下方搭配同色系的玫粉色细叶美女樱。月季红色的新芽与矮灌木紫叶小檗的紫色叶片相呼应，十分的美丽出彩。

棕色
Brown

棕色系的月季搭配暗橙色或杏色等同色系的植物，十分自然和谐。

色泽微妙、丰富细腻的棕色月季‘空蝉’和低矮的暗橙色金鱼草的组合搭配。

红色
Red

即使同是红色系花卉的组合，也能因为明暗色调的不同，使得亮色的花显得更为出挑。另外，根据色调的不同，可选用的红色系的植物种类是十分宽泛的。

略带紫色的鲜红色月季（未命名品种）搭配色调相近的紫柳穿鱼，给人以沉稳安定的印象。

淡紫色
Lavender

与淡紫色月季搭配最为方便的就是低矮的薰衣草。

和淡紫色月季搭配时，建议选用花量较大的法国薰衣草，方便形成完整统一的色块。

粉色
Pink

粉色系花卉的色彩深浅不一、色调非常丰富。不同的组合方式会给人以不同的印象。

略带紫色的粉色月季‘梦紫’和波斯菊以及‘重瓣樱桃红’小百日草的组合。

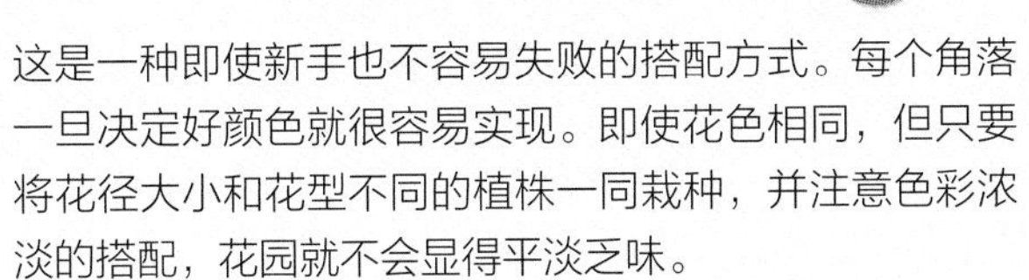

搭配方式1

同色系搭配

花+花

这是一种即使新手也不容易失败的搭配方式。每个角落一旦决定好颜色就很容易实现。即使花色相同，但只要将花径大小和花型不同的植株一同栽种，并注意色彩浓淡的搭配，花园就不会显得平淡乏味。

白色
White

白色花园呈现出清新的氛围。和白色花草搭配时，通过栽种各种花型的植物，便能演绎出复杂而有层次的花园质感。

将花径各异的月季和各种白色花卉集中栽种的花园一隅。清爽的叶色也是搭配的重点。

搭配方式❷

对比色搭配

互补色或对比色组合搭配，可以将月季衬托得更为引人注目，也可以使花园更具魅力。根据组合的不同，花园的氛围也会随之发生变化，这也是决定花园品位的关键要素。

华丽的橙粉色月季‘粉色家族（Pink Famy）’和略显蓝色的淡紫色老鹳草‘蔚蓝风暴（Azure Rush）’。

粉色 × 白色

浪漫的配色

粉色和白色是经典配色。即使只有月季，将不同花径、花型的粉色系月季和白色系月季混合栽种，也能呈现出丰富的渐变，很有魅力。

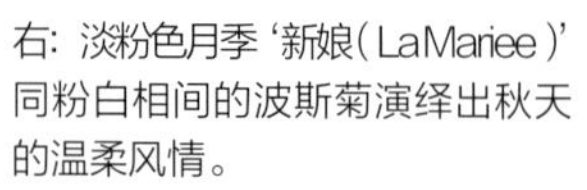

右：淡粉色月季‘新娘（LaMariee）’同粉白相间的波斯菊演绎出秋天的温柔风情。

下：鲜艳的粉色月季‘浪漫港（Le Port Romantique）’给人以强烈的视觉冲击，但搭配白色的奥莱芹（蕾丝花）和毛剪秋罗，则让整幅画面柔美起来。

粉色 × 淡紫色

高级、优雅的配色

柔和色调的冷色和暖色的组合，演绎出优雅的气质，是任谁都喜爱的搭配方式。

淡粉色的‘伽罗奢’月季和淡紫色的‘查尔斯王子’铁线莲。

‘花花公子’月季和‘卡拉多纳’林荫鼠尾草。

橙红色 × 蓝紫色

生动跳脱、活力满满的配色

这两个颜色都非常具有存在感，
但组合在一起却意外的合拍，
给人以激情四射的印象。
深紫色的花能平衡华丽夸张的氛围。

黄色 × 蓝紫色

清爽的配色

黄色与蓝色、紫色等冷色的组合，
充满清新感和都市气息。
给人一种干净、清爽的感觉。

鲜黄色的‘黄色纽扣（Yellow Button）’月季脚下栽种着花色呈略带红色的紫色的细叶美女樱。

红色 × 白色

豪华、高贵的配色

用白色草花搭配任何花色的月季都能非常好地衬托出
月季的魅力。尤其是红色和白色的组合，对比非常鲜明，
能给人留下深刻的印象。

‘月季之下（Under the Rose）’月季、‘德伯家的苔丝’月季，搭配低矮一些的白色奥莱芹（蕾丝花）、‘黑球’矢车菊、矾根以及‘黑龙’麦冬。

搭配方式 3

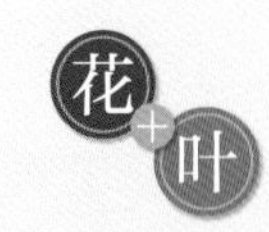

同色系搭配

月季和其他花草组合的花园还有一大重要法宝，就是彩叶植物。黄色或者橙色的月季与柠檬绿色、白色或者白色镶边的彩叶植物搭配；玫红色月季与红色或者紫色等的彩叶植物搭配。即通过叶色也可以组合出同色系的效果。

● 橙黄色花 + ● 柠檬绿色彩叶

柠檬绿色叶片的矾根与橙黄色花朵的‘琥珀落日’月季相得益彰。

● 白色花 + ● 白边花叶

白色花园的绝佳地被植物：花叶活血丹。

● 紫色花 + ● 深紫红色叶

以紫叶矮樱为背景，搭配‘蓝色狂想曲’月季。近前种植了紫露草。

● 棕色花 + ● 棕色彩叶

‘禅’月季脚下种植着同色系的苔草和矾根，苔草的细叶的线条感为整个空间增添了别样风情。

● 棕色花 + ● 棕色彩叶

开棕色～杏色花的‘泰迪熊（Teddy Bear）’月季搭配焦糖棕色叶片的矾根。

● 深桃红色花 + ● 深紫红色叶

‘紫光（Purple Splendour）’月季搭配充满存在感的深紫红色叶的紫叶美人蕉，使整体充满活力。

● 深桃红色花 + 柠檬绿色彩叶

‘永恒浪潮（Permanent Wave）’月季艳丽的桃红色花和脚下矾根的柠檬绿色叶片呈现出强烈的色彩对比，别具魅力。

● 红色花 + ● 白色斑叶

开红色花的‘马贡红（Macon Rouge）’月季搭配美丽的白色斑叶植物‘白露锦’杞柳。

搭配方式 4

对比色搭配

将能衬托出月季花色的彩叶植物或矮灌木与月季搭配，花园即刻就鲜活起来。尝试灵活运用金叶、银叶以及黑叶等各种彩叶植物。

● 粉色花 + ● 金色彩叶

‘你的眼睛’月季和金叶的‘金奖章’黄栌（烟树）完美地互相烘托。

● 红色花 + ● 金色斑叶

叶片呈鲜艳的金黄色的宽叶苔草，使整个画面张弛有度。

小贴士

根据具体的花色考量栽种数量

颜色分为膨胀色和收缩色，即使植株的栽种量相同，根据其花色的不同，给人的视觉量感也有差异。膨胀色是指白色、黄色等亮色。收缩色是指紫色、深蓝色、黑色等暗色。应控制膨胀色花的植株数量、适当增加收缩色花的植株数量，即根据花色来权衡种植的数量。

即使少量栽种也能让人感受到分量。

不种到一定的量无法体现其存在感。

穗状花的植物能为花园增添动感

禾本科植物的穗状花序十分柔美动人，其朴素的气质，能为花园营造出独特的自然野趣。它们随风摇曳的姿态，也很有魅力。从嫩绿色到枯黄色，整个漫长的花期都可以欣赏，这也是这类植物的一大优势。另外，它们细长的叶子，也为花园风景提供了点缀。

在月季盛开时抽出花穗的兔尾草，一直能欣赏到秋天。

在阳光下熠熠生辉的芒颖大麦草，植株高度在 40cm 左右。

可与月季秋花同期欣赏的芒花。

适合与其他花草组合栽种的月季

红色

‘暮光之城（Velvety Twilight）’

花径约 9cm/ 株高约 1m/ 强香 / 四季开花

花瓣呈紫红色、波浪形，单开或数朵成簇开放。花瓣耐雨淋、开花持久的优良品种。具有大马士革香和茶香混合的浓郁香气。

【栽培要点】初花后想要更好地复花，就需要认真做好花后追肥的工作。

‘永恒（Siempre）’

花径约 10cm/ 株高约 1.2m/ 微香 / 四季开花

花色是带洋红的亮红色。花单开或成簇开放。开花性很好、单朵花期长的优良品种。有浓郁的茶香香气。

【栽培要点】春季和秋季都能很好地开花，因此要注意追肥。

‘红色达芬奇（Red Leonardo da Vinci）’

花径约 7cm/ 株高约 1.4m/ 微香 / 四季开花 ~ 重复开花

绯红色的花朵成簇开放，花型为杯状，在开花过程中逐渐变为莲座状。叶色和花色的对比很漂亮。抗病性和耐寒性都十分优秀。

【栽培要点】如果任枝条伸展，可以作为小型的藤本株型月季栽培。如果将枝条剪短，也可以作为直立株型月季栽培。

‘威廉莎士比亚 2000（William Shakespeare 2000）’

花径约 10cm/ 株高约 1m/ 强香 / 四季开花

花型为四分莲座状。花色为深紫红色，到了秋季，花色会变得更加深沉。有着浓厚的大马士革香气。分枝性很好，易爆侧笋芽。

【栽培要点】建议使用药物防治黑斑病和白粉病。

‘真夜（Mayo）’

花径约 8cm/ 株高约 1.2m/ 强香 / 四季开花

花型为球状。花色为黑紫红色，在秋季，黑色感会加重。开花性很好，数朵成簇开放。枝条柔软，刺较少。有着浓厚的大马士革香气。是一款耐贫瘠的强健品种。

【栽培要点】容易晒伤，因此要栽种在没有西晒的场所。

‘奥勒（Ole）’

花径约 10cm/ 株高约 1.2m/ 微香 / 四季开花

花色为像是要燃烧起来一般热烈的猩红色，开花性佳，数朵成簇开放。波浪形的花瓣很有质感，开花持久，即使淋雨也不太会受伤。

【栽培要点】长势和抗病性中等，建议喷洒药剂预防病虫害。

‘曼斯特德伍德（Munstead Wood）’

花径约 8cm/ 株高约 1.2m/ 强香 / 四季开花 ~ 重复开花

比‘威廉莎士比亚 2000’的株型更大，花色更浓。花型由杯状逐渐过渡到莲座状。3~5 朵花成簇开放。垂头开花。花香浓郁，为大马士革香和果香的混合香气。枝条柔软。

【栽培要点】建议使用药物防治黑斑病和白粉病。

‘哈娜（Hana）’

花径约 2.5cm/ 株高约 0.6m/ 微香 / 四季开花

花色为明丽的玫粉色，花朵中心部分是白色的，大量小花成簇绽放。开花性佳，花期长。抗病性强，是很容易栽培的品种。

【栽培要点】容易爆发叶螨（红蜘蛛），需要格外注意。

粉色 ~ 玫粉色

‘新娘（La Mariee）’

花径约 8cm/ 株高约 1m/ 强香 / 四季开花

花色为略带薰衣草色的淡桃色，到秋季会略带蓝色。花瓣波浪形，不容易被雨淋伤。开花持久。株高中等。中～大型花成簇开放。

【栽培要点】抗病性中等，建议药物防治。

‘银禧庆典（Jubilee Celebration）’

花径约 11cm/ 株高约 1.3m/ 强香 / 四季开花

花色为鲑鱼粉色，向外层层渐淡晕开。花型为四分莲座状。香味是带有甜味的馥郁果香。株型稍显散乱，容易显得稀疏，因此建议 2~3 株成组栽种。

【栽培要点】抗病性中等，建议药物防治。

‘月月粉（Old Blush）’

花径约 5cm/ 株高约 1m/ 微香 / 四季开花

粉色、圆瓣、半重瓣的小花成大簇开放。早花品种。开花性特别好，花期长。枝条纤细，侧枝抽出即出花蕾。是半常绿品种。

【栽培要点】培养成大株以后十分强健，在天气较温暖地区可以实现无农药栽培。

‘安尼克城堡（The Alnwick Rose）’

花径约 10cm/ 株高约 1.2m/ 强香 / 四季开花

花色是珊瑚粉色，花型由杯状逐渐过渡到莲座状。混合着树莓香气的古老月季花香格外迷人。是强健且易复花的品种。

【栽培要点】枝干较粗，建议数棵成丛栽种。

‘你的眼睛（Eyes for You）’

花径约 8cm/ 株高约 0.6m/ 强香 / 四季开花

随气温变动呈现出淡桃色到桃色的花色，花朵中心位置有一个大斑点（眼睛）。开花性良好，通常数朵花成簇绽放。香型为浓郁独特的辛辣香型。有很出色的抗病性。

【栽培要点】头茬花虽然枝节不多，但花量依旧可观，建议剪除残花时只剪掉花头。

‘莫妮卡 · 戴维（Monique Darve）’

花径约 11cm/ 株高约 1m/ 强香 / 四季开花

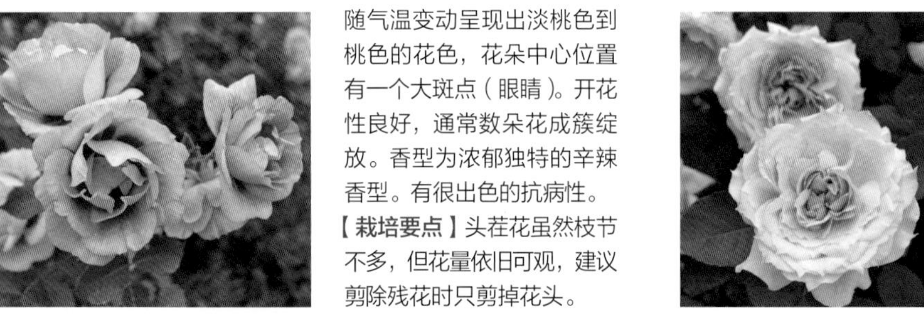

花色为淡粉色，外缘花色较浅，向内渐渐变深。花瓣带有独特的尖尖，给人以纤细灵动的感觉，花单开或几朵成簇开放。开花持久，香味为浓郁的没药香。

【栽培要点】长势较弱，避免强剪。高温期容易落叶。抗黑斑病能力弱，建议药物防治。

‘天方夜谭（Scheherazade）’

花径约 8cm/ 株高约 1.2m/ 强香 / 四季开花

深桃色花瓣带尖，花型为轮状波浪形，别具一格。少刺也是它的一大特征。香气浓郁，是大马士革香和果香的混合香。是开花持久的品种。

【栽培要点】易复花，建议及时追肥。

‘庞巴度 / 蓬巴杜夫人（Rose Pompadour）’

花径约 10cm/ 株高约 1.2m/ 强香 / 四季开花

花型为杯状。开花持久。花色刚开始为玫粉色，随着花朵的绽开，花色会产生细腻的变化，由玫粉色渐渐演变成淡淡的粉紫色。早花品种，馥郁的香气魅力十足。也可以作为小型藤本株型月季栽培。

【栽培要点】秋季抽枝旺盛，所以建议夏季尽早修剪。

‘斯卡堡集市（Scarborough Fair）’

花径约 6cm/ 株高约 1m/ 强香 / 四季开花

花色为浅粉色。花型为球状、半重瓣。小花成簇开放，开花性极佳。生长良好的植株能不断开花。分枝较细，紧凑密集。花枝纤细柔软。

【栽培要点】冬季轻剪，耐心地培育成成熟植株。

‘丽 / 乌拉拉 / 悠莱（Urara）’

花径约 8cm/ 株高约 1m/ 微香 / 四季开花

花色为引人注目的深玫红色，圆瓣，平展状绽放。数朵成簇开花，春秋季花都开得很好。抗黑斑病，是容易栽培的品种。

【栽培要点】不易萌生笋芽，因此要注意保护老枝。修剪的时候要尽可能多地保留侧枝，以增加花量。

‘腮红冰山（Blushing Icebrg）’

花径约 7cm/ 株高约 1.2m/ 中香 / 四季开花

白色中晕染着淡粉色的花朵成簇开放，秋季也能很好地复花。花梗较细，花苞微微颔首绽放，惹人怜爱。枝条柔软而少刺，伸展性很好，是‘藤冰山’的芽变品种。

【栽培要点】种植数年后将很难萌生笋芽，但老枝也能持续开花，所以要注意养护老枝。

‘花花公主（Playgirl）’

花径约 7cm/ 株高约 1m/ 微香 / 四季开花

玫红色单瓣花，成簇开放。早花品种，株型均衡饱满。

【栽培要点】易结果，因此要注意花后修剪。易感染白粉病，注意药物防治。

‘汉斯 · 戈纳文（Hans Gonewein）’

花径约 6cm/ 株高约 1m/ 微香 / 四季开花

花色为粉色，杯状开花。植株强壮后，能 5~20 朵花成簇开放。枝条伸展力好，也可以作为小型藤本株型月季栽培。花梗柔软，低头绽放。

【栽培要点】过度施肥会导致枝条过长，需要控制施肥量。

‘修女伊丽莎白（Sister Elizabeth）’

花径约 7cm/ 株高约 0.8m/ 强香 / 四季开花

带有淡紫色的淡粉色花，通常 3~5 朵小簇开放。具有大马士革香混合着辛辣香的独特香气。株型紧凑，自然成丛。

【栽培要点】属于株型紧凑的品种，修剪时只需要轻剪稍加整理树形即可。

‘粉红猫（Pink Cat）’

花径约 3cm/ 株高约 0.8m/ 微香 / 四季开花

粉色、波浪形的花瓣成绒球状开放。开花性好，数朵小花成大簇开放。花枝纤细柔软，因花的重量而扩展开，形成茂密的姿态。

【栽培要点】强健、较耐贫瘠，培育成成熟植株后可实现无农药栽培。

‘紫阳（Shiyo）’

花径约 2.5cm/ 株高约 0.8m/ 中香 / 四季开花

花色为淡淡的粉紫色，会随着花朵打开而渐渐变淡。大量小花成簇开放，形成浓淡渐变的丰富层次，颇具魅力。枝条柔软。抗病性佳，是很容易栽培的品种。

【栽培要点】注意防范叶螨（红蜘蛛）。

适合与其他花草组合栽种的月季

蓝色～紫色

‘贝拉·唐娜 (Bella Donna)’
花径约 9cm/ 株高约 1.4m/ 强香 / 四季开花

花色为略带桃色的淡紫色，剑瓣，花型规整。花色随花朵绽放而渐渐变淡。具有蓝香中混合着辛辣香的独特香气。
【栽培要点】株高较高，要选择合适的地方种植。

‘哈利·爱德兰 (Harry Edland)’
花径约 10cm/ 株高约 1.3m/ 强香 / 四季开花

深紫色半剑瓣花成球状开花，开花性很好，通常数朵成簇开放。枝条纤细柔软，给人优雅的感觉。有强烈的蓝香型香气。
【栽培要点】高温天气会引发黄叶、落叶，易感染白粉病，建议药物防治。

‘新浪潮 (New Wave)’
花径约 9cm/ 株高约 1.2m/ 强香 / 四季开花

花色为优雅的紫丁香色，圆瓣平展状开花。花瓣边缘略呈波浪形。开花性好、成簇开放。花枝偏细，因此春天盛花期会因花的重量而弯曲。有浓郁的蓝香型香气。
【栽培要点】抗病性普通，建议提早药物防治。

‘蓝色狂想曲 (Rhapsody in Blue)’
花径约 7cm/ 株高约 1.4m/ 强香 / 四季开花

蓝色感较强的紫红色花朵呈平展状开放。数朵花成簇开放。枝条可以牵引到构造物上，也可以修剪后作为直立株型月季栽培。有强烈的辛辣型香气。
【栽培要点】夏季不耐高温，会出现落叶、新芽萎缩、枯枝等现象，因此需要在秋季加强肥水管理，使植株复壮。

‘夜来香 (Ierai Shan)’
花径约 9cm/ 株高约 1.2m/ 强香 / 四季开花

花色为淡紫色，花朵中心处颜色较浓郁，向外逐渐变淡。开花性好，通常数朵成簇开放。香味是蓝香中混合着甜甜的柑橘系香气。属于枝条上刺较少的品种。
【栽培要点】抗病性中等，建议药物防治。

‘紫之园 (Murasaki no Sono)’
花径约 7cm/ 株高约 1.2m/ 微香 / 四季开花

花色为稍稍泛蓝的薰衣草紫色。数朵花成大簇开放，盛花时能覆盖整个植株。横向伸展力强，分枝性好。虽然笋芽不多，但老枝也有很好的开花性。
【栽培要点】易感染白粉病，建议定期喷洒药剂。

‘忧郁男孩 (Blue Boy)’
花径约 6cm/ 株高约 1.3m/ 中香 / 四季开花

花色为丁香粉色，花型为四分莲座状。是开花性很好的品种，数朵花成簇开放。枝条细，分枝性非常好，能栽种出密集的效果。
【栽培要点】笋芽不会长太长，因此在入冬后修剪，作为大一点的直立株型月季来栽培比较合适。

‘银影 (Silver Shadows)’
花径约 10cm/ 株高约 1.2m/ 强香 / 四季开花

花色呈独特的银紫色，数朵成簇开花。在银色系月季中属于花瓣耐雨淋，不易受伤的品种。香味为浓郁的蓝香型香气。
【栽培要点】株型较高，很少萌生基部笋芽，所以需要每几年强剪一次老枝来控制株高。

杏色～棕色

‘月季花园（Garden of Roses）’

花径约 7cm/ 株高约 1m/ 中香 / 四季开花

花色为奶油色，中心部分为杏色。开花性好，莲座型花，数朵成簇开放，花枝较短，株型紧凑，抗病性优异。

【栽培要点】是比较迟开的品种，为了让下一波花的花期提前，花后修剪残花时只剪掉花头。

‘禅’

花径约 8cm/ 株高约 1m/ 中香 / 四季开花

花色为深茶色中隐约透着紫色，春季紫色更明显，秋季则茶色更强烈。花型规整，香型为茶香型。早春开花，虽然单朵花期较短但是能持续不断地开花。

【栽培要点】复花性佳，需要及时追肥，建议药物防治病虫害。

‘安格莉卡（Angelika）’

花径约 8cm/ 株高约 1m/ 强香 / 四季开花

开花性良好，杏橙色的花朵成簇开放，夏天、秋天也能很好地复花。有着馥郁的果香型香气。

【栽培要点】复花性佳，需要及时追肥。

‘安布里奇（Ambridge Rose）’

花径约 9cm/ 株高约 1.2m/ 强香 / 四季开花

花色为杏色或杏色与粉色混合。花型从杯状逐渐过渡到莲座状。香味是强烈的没药香。分枝性佳，株型紧凑。

【栽培要点】细枝也能开花，因此只需轻剪，尽量多保留花枝。抗病性中等，建议药物防治。

‘空蝉（Utsusemi）’

花径约 7cm/ 株高约 0.7m/ 强香 / 四季开花

花色为富有层次的茶色。花型莲座状。花枝细而柔软，分枝性佳，略横张。辛辣香和茶香的混合香味十分迷人。

【栽培要点】长势较弱，避免强剪，耐心等待植株生长。建议药物防治病虫害。

‘奥古斯塔路易斯（Augusta Luise）’

花径约 13cm/ 株高约 1.2m/ 中香 / 四季开花

杏色和粉色相间的花瓣，底部又渐变成了黄色。波浪形的花瓣成莲座状开放，开花性佳，数朵成簇开放。

【栽培要点】秋季复花较晚，建议在夏季尽早修剪。

‘紫木偶（Lavender Pinocchio）’

花径约 8cm/ 株高约 0.8m/ 中香 / 四季开花

圆瓣，平展状开花。花瓣边缘略呈波浪状，花色为带点灰色的淡紫色到淡茶色，微妙的渐变花色十分具有魅力。不易萌生笋芽。

【栽培要点】长势、抗病性较弱，建议注重营养液和抗病虫害药剂的灌注、喷洒。

‘遥远的鼓声（Distant Drums）’

花径约 8cm/ 株高约 1.2m/ 强香 / 四季开花

花色为茶色到薰衣草色的渐变色，十分独特优雅。花期较早，数朵成簇开放。没药香型。枝条细密，直立性佳。

【栽培要点】抗病性比较强，但在天气炎热或者光照不足时，叶片会变黄、脱落。为防止叶片数量减少，建议使用药剂预防病虫害。

适合与其他花草组合栽种的月季

白色

‘温德米尔（Windermere）’
花径约 7cm/ 株高约 1.2m/ 强香 / 四季开花

象牙色的杯状花随着绽放慢慢变成白色的莲座状花。香气为大马士革香混合着果香。抗病性佳，株型中等、紧凑，是非常优异的品种。
【栽培要点】为使开花性更好，需多追肥。

‘冰山（Iceberg）’
花径约 7cm/ 株高约 1.2m/ 中香 / 四季开花

纯白的花朵数朵成簇绽放，春秋两季的开花性都很好。枝条刺较少，细长柔软。花瓣不容易被雨淋伤。有着茶香型的香气。
【栽培要点】种植数年后将很难萌生笋芽，但老枝可以长年复花，所以需要养护好老枝。

‘勒布朗 / 乐柏（Le Blanc）’
花径约 8cm/ 株高约 0.7m/ 强香 / 四季开花

带缺刻的波浪形花瓣层层叠叠，白色中略带粉色。花枝细，叶片亦透出纤细柔美的氛围。有着清甜的香气。
【栽培要点】注意防范黑斑病和白粉病，建议药物防治。

‘优雅的微笑（Smile Yuga）’
花径约 5cm/ 株高约 0.7m/ 微香 / 四季开花

略呈波浪形的花瓣，外层是绿色的，内层是象牙白色的。花朵成簇开放。枝条纤细且没有刺，是一款株型紧凑、整齐的品种。
【栽培要点】抗黑斑病，但要注意防范白粉病和叶螨（红蜘蛛）。

‘安纳普尔那 / 冰峰（Annapurna）’
花径约 8cm/ 株高约 1m/ 中香 / 四季开花

纯白色花，高芯状花型，盛开的时候变为平展状花型。通常 3 朵左右成簇开放。有着水果系的清新香气。冬季枝条会有变黑的情况。
【栽培要点】秋季复花较晚，建议夏季尽早修剪。

‘波莱罗（Bolero）’
花径约 9cm/ 株高约 0.8m/ 强香 / 四季开花

是一款花芯略带鲑鱼粉色的白色月季品种。花型为莲座状。开花性佳，花期持久，并有强香。生长较慢，但抗病性、耐热性优异。
【栽培要点】冬季轻剪，耐心等待其长成成熟植株。

‘雪子（Yukikko）’
花径约 3cm/ 株高约 0.8m/ 中香 / 四季开花

带淡桃色的白色小花成簇绽放，盛花时整个植株被花覆盖，夏秋两季也能正常开花。抗黑斑病能力强，是新手也能放心尝试栽培的品种。
【栽培要点】分枝很细，因此冬季只需要修剪弱枝和枯枝，轻剪稍加整顿株型即可。很容易结果，因此花后要及时修剪。

‘白薇夫人（Madame Bravy）’
花径约 6cm/ 株高约 0.6m/ 中香 / 四季开花

微微泛粉的粉白复色月季，花型为杯状，开花性较好，成簇开花。垂头绽放，具茶香型香味。长势稍弱，但分枝性佳，株型紧凑、整齐。
【栽培要点】冬季轻剪。比较难萌生基部笋芽，但老枝也能开花，所以要注意养护老枝。

黄色～橙色

‘艾玛 · 汉密尔顿夫人（Lady Emma Hamilton）’

花径约 8cm/ 株高约 0.8m/ 强香 / 四季开花

花蕾是深橙色，打开后呈杏橙色。具有浓郁的水果香气。抗病性优越，稍微有点不耐夏季酷暑，高温期会停止生长。

【栽培要点】冬季需轻剪，使其慢慢成长为成熟植株。

‘索莱罗 (Solero)’

花径约 7cm/ 株高约 1.2m/ 中香 / 四季开花

柠檬黄色的莲座型花，开花性良好，5 朵左右成簇绽放。垂头绽放，有着清爽的果香味。株型为圆顶型，是一款抗病性良好的品种。

【栽培要点】枝条柔软，可适当留长，适当轻剪整理株型即可。

‘超级巨星（Super Trouper）’

花径约 8cm/ 株高约 1m/ 微香 / 四季开花

花色是鲜艳的橙色，花瓣背面是黄色的，完全绽放后整体又带着红色。开花性好，数朵成簇开放。枝叶也带有红色，和花色十分协调。枝条较细，植株紧凑，抗病性优异。

【栽培要点】冬季需轻剪，使其慢慢成长为成熟植株。

‘莫林纽克斯 / 魔力妞（Molineux)’

花径约 8cm/ 株高约 1m/ 强香 / 四季开花

花色为金黄色。杯状花型随着花朵的绽放渐渐变为莲座状花型。具有迷人的麝香混合着茶香的香气。株型紧凑。

【栽培要点】抗病性中等，建议提早用药防治病虫害。

‘冷静 / 慢慢来（Easy Does It）’

花径约 11cm/ 株高约 1m/ 中香 / 四季开花

相比其他品种的月季，开花较早，是早花品种。开花性佳，花期持久，大大的花朵数朵成簇开放。波浪形的花瓣较厚，很耐雨淋。抗病性佳，对园艺小白非常友好，很推荐栽种。

【栽培要点】易复花，注意花后追肥。

‘天津乙女（Amatsu Otome）’

花径约 13cm/ 株高约 1m/ 中香 / 四季开花

花色为黄色中透着淡淡的橙色，随着花朵的绽放，外侧花瓣的花色逐渐变淡。开花性很好，有着茶香型香气。早花品种。

【栽培要点】老枝较难萌生笋芽，但老枝的复花性比较好，所以要特别注意老枝的养护。

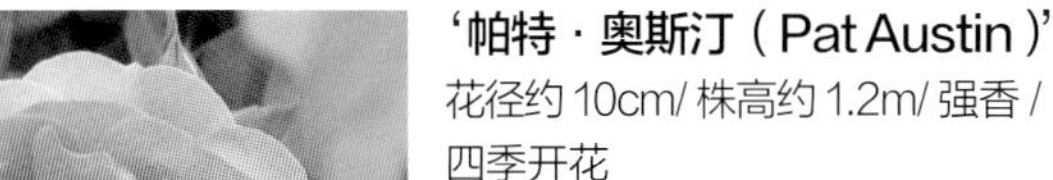

‘帕特 · 奥斯汀（Pat Austin）’

花径约 10cm/ 株高约 1.2m/ 强香 / 四季开花

花瓣表面是非常浓郁的橙色，背面是富有光泽的黄色。杯状花型。花梗很细，垂头绽放。具有茶香型的香气。

【栽培要点】抗病性中等，建议用药物防治病虫害。

‘金莲步（Kinrenpo）’

花径约 7cm/ 株高约 1.4m/ 微香 / 四季开花

半重瓣的花朵 5~30 朵成簇开放。渐变的黄色花瓣和深绿色的叶片形成强烈的对比，显得格外有魅力。抗病性佳，是非常强健的品种。

【栽培要点】要注意预防白粉病。是不易萌生笋芽的品种，因此要注意保留老枝。

第2课

活用月季和其他花草的形态打造花园空间

月季和其他花草组合时，如果考虑到以下三点，就能比较容易地打造花园空间。

将不同形状的植物组合栽种

第一点，将不同形状的植物组合栽种。大部分月季的植株长成后比较接近球状，因此，如果选择直立、有线条感的植物与月季组合栽种，就能营造景观变化。另外将细叶植物与叶片比较宽大的植物共同栽种，活用叶形的变化，也是比较好的方法。像这样注意花型、叶形、植株姿态的平衡来选取植物，就可以避免花园空间平淡无趣。

红白双色的'贝蒂·博普'月季和具有优美的细长紫色花穗的'卡拉多纳'林荫鼠尾草。

空间较大的花园要有重点

第二点，对于面积较大的花园，空间打造的诀窍是要有"重点"。例如，栽种虾蟆花等存在感很强的大型草本植物或利用中型灌木等，直接将植物作为花园的重点是一种方法。另外，利用花架等构造物、大型花器等来提高高度也是打造花园重点的一种方法。

注意植株脚下的景观打造

第三点，有一定高度的植株不能忽略其脚下的景观打造。将藤本株型月季牵引到栅栏等处时，为了不让低处显得寂寥，建议在其下方种植一些较为低矮的植物。

直立株型的月季也一样，如果其花朵开放的位置较高，可以在其脚下种一些低矮的地被植物，这样整个空间就变得生动活泼起来。

I 将不同花型、叶形的植物组合栽种

将相同形状、相同高度的植物整齐地栽种，
容易给人以平淡无趣的印象。
将不同花型、叶形、株型的植物组合栽种，
就能营造出变化，
使花园的空间表情变得丰富。

活用穗状植物

穗状植物的花茎直立，纵向的线条非常具有延伸感，
能打造出紧凑干练的空间。株高比月季高或低都可以。
尤其是能开出月季没有的蓝色或紫色花的植物，
作为空间的重点，会非常出彩。

从棕色到略显朦胧的紫色，随着花朵绽放，花色呈现出微妙变化的‘禅’月季。其脚下栽种的虽然是同色系的矾根，但背景是斑叶、线形叶片的芒草，整体给人以清爽的感觉。

将不同叶形的植物组合栽种

植物的叶形中有具有线条感的，
也有能突出面的效果的，
将叶形不同的宿根草组合栽种，
就能演绎出丰富的变化。
如左图所示，大型宿根草八丈芒漂亮的线性斑叶
和可以突显面的效果的焦糖色矾根搭配，
像是给‘禅’月季镶了一个画框一般，十分出彩。

运用各种株高、形状的植物

运用不同花型、叶形、株高、叶色的植物，
做巧妙的搭配，取得平衡、互补的效果，
就能呈现出丰富多彩的花园景观。

底部茶色的苔草和上方的芒穗遥相呼应，呈现出颇具秋日风情的风景，“丰盛”系列小百日草为整体景色增添了一分华丽感。

‘黑球’矢车菊、开有轻盈白花的蕾丝花、穗状花序的‘卡拉多纳’林荫鼠尾草、紫叶的‘紫色绝代佳人’琴叶鼠尾草、铁线莲等的组合，具有极其丰富的层次，给人以缤纷复杂的印象。

Ⅱ 较为宽阔的空间内要有“重点”

在具有一定开阔度的空间内，
花园景观的打造要有重点。
可以加入中型灌木、大型的草本植物
或花架等构造物作为空间的重点，
营造出张弛有度的风景，
给人以丰富的层次感，
避免空间平淡乏味。

种植有存在感的植物

种植叶面宽大的植物或者存在感强的大型植物
作为花园空间的重点，
能使整体风景显得张弛有度。

以边缘深裂的宽大叶片为特征的虾蟆花，花穗长度可达 80cm。

‘芳纯’月季的背景植物是银叶的刺苞菜蓟。株高近 2m，开紫色的蓟状花朵。

塔形花架上牵引着‘萨拉曼达’月季，其脚下栽种着蓝色的林荫鼠尾草以及作为地被的加勒比飞蓬。

素烧大陶盆中栽种了一棵花朵小巧、垂头开放的‘玛丽·安托万夫人’月季。

利用构造物或大型花盆

空间显得平淡无趣的时候，
可尝试用塔形花架、大花盆、长椅等
作为视觉焦点。

加入中型灌木

在月季附近种植比月季高的中型灌木，
营造出高低差，
使空间更为立体生动。
同时也要考虑叶色、花色等因素。

开紫红色花的‘葡萄冰山’月季和紫叶、开红色小花的松红梅的同色系组合。

秋

右后方蓖麻的紫叶与前面月季的紫红色花朵为相同色系。月季脚下的地被植物是头花蓼。

Ⅲ 种植较高的植物时，不要忽略低处的风景

种植株高较高的月季
或者将藤本株型月季牵引在比较高的位置时，
应注意避免其下方显得寂寥。
可以种植一些及膝高度的植物或者地被植物，
打造相映成趣的花园小路，
或者富有自然野趣的花坛边缘。

藤本株型月季下栽种紧凑的直立株型月季和其他低矮植物

如果藤本株型月季的低处不开花的话，可以在这里组合栽种其他直立株型月季，这样就能形成壮观、华丽的开花效果。同时，在靠近月季根部的位置种上彩叶植物或者小花地被植物，将能锦上添花。

在被牵引到墙上的‘巧克力（临时命名）’月季，脚下是株型紧凑的直立株型月季‘小豆’（左边）和‘蔷薇之海’（右边），以及作为地被的‘黄金锦’亚洲络石。

利用同色系地被植物营造和谐统一的花园风景

挨着月季种一些开小花的植物，月季脚下就不会显得萧条寂寞。这时可以采用同色系搭配的方法，也可以采用对比色搭配的方法。同色系搭配的方法是一种即使园艺入门者也不会失败的方法。

白色中透着粉色的‘腮红冰山’月季脚下栽种着亚光的银叶绵毛水苏以及花色同样为粉色和白色相间的加勒比飞蓬。

利用对比色搭配，让低处的风景为更为鲜艳亮丽

在栽种月季的花坛边，种植及膝高度的植物镶边，也是一种方法。这时如果选用对比色搭配，就能给人以鲜明活泼的印象。

在栽种了橙色月季的花坛边搭配‘埃文风景’法国薰衣草和‘卡拉多纳’林荫鼠尾草。

第 3 课

在月季不开放的季节可以欣赏的花

在月季不开放的时节，如何让花园依旧保持美丽？这也是在建造花园的时候，要考虑的一个非常重要的点。为建造一个一年四季都能赏花的花园，在种植花灌木的基础上，可灵活搭配各个季节开花的宿根草本植物和一年生草本植物等，组合出一个花朵四季轮番绽放的美丽花园。

能全年欣赏的常绿彩叶植物，也是保持花园美观的一个非常好用的植物品类。因此，不单是开花植物，能娴熟地运用彩叶植物，也能为花园增色不少。

月季萌芽的 3 月，正值洋水仙和风信子等球根植物的盛花期。彩叶植物也为花园增添了色彩。

装点早春花园的是角堇和圣诞玫瑰，此时，月季的新芽作为彩叶来欣赏也是极富魅力的。

即使过了 5 月中旬，还在开花。

11月～次年5月 用三色堇和角堇来让秋季至来年春季的花园变得华丽！

每年 10 月，角堇和三色堇的小苗开始出售。11 月以后定植，如果能坚持摘除残花、用心养护，可以持续不断地开半年，一直开到来年 5 月份左右。花色也非常多，能将冬季的花园装点得亮丽多彩，到来年春天，则能和球根植物争奇斗艳。在有些花园中，角堇、三色堇可以与开头茬花的月季组合栽种。是强烈建议大家选用的植物。

12月～次年3月 圣诞玫瑰演绎的脚下风景

早春时节开花植物比较少，而圣诞玫瑰就是在这一季节开放的植物。有白色、黄色、淡绿色、粉红色、紫色、黑色等花色的品种，还有重瓣品种。和冬天开放的黑嚏根草共同栽种，就能装点月季脚下从冬季到来年春季的景色。

圣诞玫瑰喜半阴环境，所以很适合栽种在月季和其他灌木脚下。将各色品种列植，营造出的景色十分具有魅力。

3~4月 早春盛放的球根植物

春季最早开放的是葡萄风信子、番红花等小球根植物。紧随其后绽放的是风信子和洋水仙。洋水仙有早花到晚花的品种，因此组合得当可以有较长的赏花期。

白色风信子、洋水仙、原生种郁金香、角堇等。

郁金香是春天的主角

郁金香有早花到晚花的品种，组合得当就可以有较长的赏花期。搭配月季栽种时，可以采用以颜色为主题的方法来体现这两种花组合栽种的关联性。和角堇等小花搭配，更能展现出春天的气息。

4月中旬 月季绽放前，用郁金香演绎春季的色彩

在月季前方栽种郁金香，将其作为春季的主角。因为这个角落中杏色、棕色的月季比较多，所以为营造统一的风格，郁金香也以杏色、橙色、棕色、黑色系为主。与作为背景植物的红花檵木的颜色和氛围也很协调。

10月末 秋月季绽放的季节，呈现出一种雅致的氛围

同一个地点秋天的样子。杏色系的月季脚下种植了同色系的“丰盛”系列小百日草，深粉色的波斯菊和具有充满动感的线形叶片的金钱蒲是这个角落的重点。

11~
次年2月

巧妙搭配花灌木

如果空间充裕，
可以搭配中型花灌木来增添季节感。
花灌木本身的高度
对打造花园的重点也有很大的帮助。

蜡梅

在冬季绽放的蜡梅，因其花瓣像是蜡刻工艺品般纤细优雅而得名。其沁人的幽香飘散开来，勾起人们对春天的遐思。

3月

早春开放的花灌木

珍珠绣线菊（雪柳）

蔷薇科落叶灌木。春天，白色的小花像是喷溅出来一般一齐开成花瀑布的样子，十分壮观。还有新叶是金黄色的品种，作为彩叶植物也充满魅力。

结香

可以作为和纸原料的瑞香科灌木，早春的时候，朵朵小花会聚成一个个小绒球状开放。图片上是红花品种，还有开黄色花的品种。淡淡的香气也很有魅力。

4月开花
9~11月结果

紫海棠

适合花园观赏用的苹果属植物，春天赏花，秋天赏果，很有乐趣。花色有白色、淡粉色、深红色等。果子生吃非常酸，但能做成果酱。

4~5月

直径可达10cm的花球

粉团荚蒾

忍冬属荚蒾属，花球直径能达到10cm左右，十分具有存在感。花色在最开始绽放时是淡淡的绿色，到后面会慢慢变成白色。

种植在半阴处的‘莫妮卡·戴维’月季。这是一款比较紧凑的直立株型月季。

月季初花修剪掉以后就迎来了绣球的盛花期，因此花园不会显得寂寞。

月季初花开过后 绣球化身花园的主角

绣球

月季初花修剪掉以后的 30~60 天将不再开花。这时，绣球便挑起了花园主角的重任。像图示中一样紧挨着月季栽种也没有关系，绣球可以和月季交替成为花园的主角。

新枝开花的品种还可以欣赏残花

‘安娜贝拉’绣球等新枝开花的品种，在冬季也可以修剪，因此保留残花也没有问题。花球随季节变化产生的由绿色到白色再到绿色的变色十分具有魅力，还能和月季的二茬花共同欣赏。

华丽的‘粉色安娜贝拉’绣球就种植在月季一旁，月季的初花修剪掉以后，绣球的粉色大花球就接替月季成为花园的主角。

绣球在月季的初花修剪以后开始开花，在月季二茬花长出花蕾的时候还处于盛花期。

7月

月季二茬花开放时，‘安娜贝拉’绣球的大花球正处于变为绿色的阶段，很有观赏价值，因此可以保留花球不做修剪。

在盛夏能绚烂盛开的植物

7~9月

矮生紫薇

盛夏时节开花的植物比较少，开粉色、深粉色、白色或淡紫色花的紫薇是夏季开花的代表。通过修剪，很容易控制其植株大小，如果直接种植矮生品种，不会太占地方，可以作为小灌木栽种。

松红梅

常绿灌木，叶片的顶端尖尖的，花径 1~2cm 的小花在盛花期密密麻麻地绽放，有单瓣和重瓣的品种。花色除了红色以外，还有白色、深粉色等。可以从晚秋一直开到来年春天月季开花的时节。

11月～次年5月

在开花植物不多的季节也能鲜艳夺目

将常绿的彩叶植物作为地被植物栽种

月季脚下可以栽种常绿的彩叶植物。这样即使到了冬天也不会显得寂寥，并且到了月季的开花季，也能与之组合出很漂亮的对比景致。尤其是金叶品种，可以让冬天的花园景观更为明亮，春天和三色堇、角堇、球根植物等也很容易搭配，因此非常推荐选用金叶植物。

右：金叶过路黄和‘黑龙’麦冬、风信子完美搭配的栽种示例。
左上：强烈推荐选用明亮叶色的矾根。
左下：色调别致的金钱蒲和‘黑龙’麦冬。

长期盛开的花草

山桃草【柳叶菜科/宿根草本植物（常绿）】

开在细细的花茎上的小花像一只只翩飞的小蝴蝶，因此也叫白蝶花。有矮生品种，也有株高较高的品种，花色有白色、红色，白色的高性种能自播繁殖。

株高：40cm~1.2m　　花期：4~11月

铁线莲【毛茛科/藤本植物（落叶）】

铁线莲品系众多，品种不同，其习性、花型等大相径庭，所以需要事前了解清楚以后再选择品种。如要匹配月季花期，建议选择晚花大花组、意大利组、卷须组、德克萨斯组、全缘组、佛罗里达组。

藤蔓长度：30cm~3m　　花期：4~9月

适合与月季搭配的开花植物

长期盛开的花草

樱桃鼠尾草

【唇形科 / 宿根草本植物（常绿）】

花期很长，能从初夏一直开到秋季。花色丰富，有红色、白色、桃粉色、紫色、鲑鱼粉色、奶白色等。能长成灌木状，必要时可修剪调整株型。

株高：50cm~1m

花期：5~11 月

柳叶马鞭草【马鞭草科 / 宿根草本植物（常绿）】

直立性很好，花量大，注意花后修剪和及时追肥可长期开花。是为人熟知的很容易招蜂引蝶的蜜源植物。播种繁殖。矮性种中有株高 60cm 左右的品种‘棒棒糖’柳叶马鞭草。

株高：60~80cm

花期：5~11 月

细叶美女樱【马鞭草科 / 宿根草本植物（常绿）】

最适合栽种在月季脚下，通过适时修剪和追肥就能长期开花。耐寒性较弱。但同属的加拿大美女樱‘红农庄’‘紫农庄’的耐寒性很好，容易越冬。

株高：10~30cm　　花期：4~10 月

加勒比飞蓬

【菊科 / 宿根草本植物（常绿）】

充满野趣的小花，能从白色渐变到粉色，花期持久。非常强健，自播繁殖能很快成丛。过于繁密时需要修剪。

株高：10~20cm

花期：4~11 月

老鹳草【牻牛儿苗科 / 宿根草本植物（落叶）】

‘罗珊（Rozanne）’和‘天蓝激流（Azure Rush）’是老鹳草中花期长、耐热性佳的品种。生长茂密，株型饱满。‘天蓝激流’是‘罗珊’的突变品种，花色更淡一些，但株型紧凑且更早开放。

株高：10~40cm　　花期：5~11 月

大丽花【菊科 / 球根植物（落叶）】

花色、花型、花茎不尽相同，品类繁多，有各种株高的品种。不耐暑热，8 月下旬修剪并加以追肥可以保持良好的开花性。在日本关东以西的平原地区（气候类似我国东南沿海地区）可以露地越冬。对于寒冷地区以及耐寒性弱的品种可以起球保存在不结冰的地方越冬。

株高：30cm~1.5m　　　　花期：5~7 月，9~11 月

也有作为彩叶植物使用的品种。

“丰盛”系列和“撒哈拉”系列小百日草

【菊科 / 一年生草本植物】

花径约 4cm，花色繁多，也有重瓣品种。花期长，花朵并不显眼，十分强健，次第开放。在月季往往不开花的盛夏也能开得很好，直到月季秋花复花时还在绽放。

株高：20~40cm　　　　花期：4~11 月

月季春季花期前后的 3～7 月开花的花草

勿忘草【紫草科 / 一年生草本植物】

在原产地是多年生草本植物，但因为不耐暑热，所以在我国多作一年生栽培。除了蓝色以外，还有粉色和白色的品种。容易自播繁殖。

株高：20~30cm　　花期：3~5 月

'金币' 匍枝毛茛

【毛茛科 / 宿根草本植物（常绿）】

直立的花茎上方绽放着花径 2cm 左右的小小的重瓣花朵，花芯绿色，强健、容易栽培，常作为地被植物栽种。叶片光亮美丽，和黄色的花朵相得益彰，使花园变得明亮起来。

株高：10~25cm

花期：4~5 月

蓍（千叶蓍）

【菊科 / 宿根草本植物（常绿）】

同属植物还有高山蓍等。花色非常丰富，从矮性种到高性种，品种众多。强健，容易栽培，也作为银叶观叶植物来观赏。

株高：30~80cm

花期：6~7 月

石竹【石竹科 / 宿根草本植物（常绿）】

品种繁多，从矮性种到高性种都有。四季开花的品种在修剪后能数次开花。但因为是寿命相对较短的宿根草本植物，所以需要通过扦插或者播种来更新植株。

株高：15~50cm

花期：4~11 月

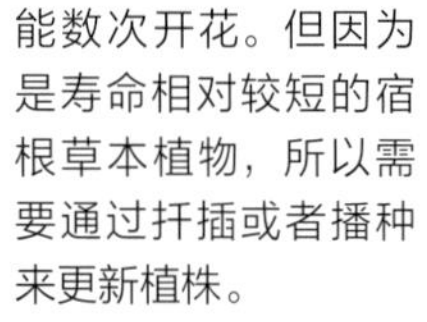

荆芥（猫薄荷）【唇形科 / 宿根草本植物（常绿）】

蓝紫色的小花呈穗状开放，和银色叶片相映成趣，营造出清爽的花园氛围。不耐湿热，进入梅雨季前可修剪。在冷凉地区夏季也能持续开放。

株高：30~80cm　　花期：4~7 月

麦仙翁

【石竹科 / 一年生草本植物】

在纤细柔韧的枝头绽放着朵朵温柔的小花，随风摇曳，十分优美。除了深粉色以外，还有白色、淡粉色的品种。自播繁殖。需注意施肥过多容易造成徒长倒伏。

株高：60~90cm

花期：4~5 月

奥莱芹（蕾丝花）【伞形科 / 一年生草本植物】

密集的白色花朵如蕾丝般开放，盛开的时候十分华丽。株高较高，极富自然野趣，和月季配搭效果出众。容易自播，秋播育苗定植容易出效果。

株高：50~70cm　　花期：4~6 月

‘黑球’矢车菊

【菊科 / 一年生草本植物】

有着丝绒质感的黑色花朵的矢车菊。纤细直立的花茎和泛着银色光泽的细叶也十分具有魅力。分枝性佳，花开不断。秋播育苗定植容易出效果。

株高：80cm~1m

花期：5~6 月

适合与月季搭配的开花植物

月季春季花期前后的3～7月开花的花草

粉花绣线菊【蔷薇科 / 灌木（落叶）】

在初夏绽放白色或粉色的泡沫般的花朵。也经常被作为观叶灌木栽培，有金色叶和橙色叶的品种。

株高：60cm~1.2m　　花期：5~7 月

观叶期：4~7 月

薰衣草【唇形科 / 小灌木（常绿）】

有多个系列，不耐高温多湿环境，因此在入夏前可修剪。照片上的品种是法国薰衣草系的‘埃文风景’薰衣草，它的花期与月季很相配。‘薰衣草夫人’薰衣草在秋季也能开花。

株高：30~60cm

花期：4~6 月

琉璃菊【菊科 / 宿根草本植物（常绿）】

花瓣细裂丝状，重瓣。花色有白色、紫色、桃红色、淡黄色等。养护简单，是强健、容易栽培的品种。

株高：30~40cm　　花期：6~7 月

槭叶蚊子草

【蔷薇科/宿根草本植物（落叶）】

像小泡沫一样的小花聚成顶生圆锥花序绽放，花色有白色、粉色等。冬季地上部分会枯萎，因此地栽时冬季可将地上部分修剪掉。虽然在半阴处也可以正常生长，但容易滋生白粉病。

株高：20~80cm

花期：4~6 月

芍药属

【芍药科 / 宿根草本植物 · 灌木（落叶）】

包括芍药、牡丹以及二者的杂交种。气质华丽，具存在感，能长成大植株。和大型花的月季搭配会起冲突的反效果，所以很难搭配。喜肥。

株高：60cm~1.2m

花期：4~6 月

毛地黄【车前科 / 宿根草本植物（常绿）】

吊钟状的花形成大花穗成簇开放，具有强烈的存在感。花后修剪可以二次开花。不耐高温多湿的环境，因此在温暖地区难渡夏。保留残花可以自播繁殖。

株高：60cm~1m

花期：5~7 月

羽扇豆【豆科 / 宿根草本植物（落叶）】

别名鲁冰花。似蝴蝶般的花朵密集绽放，大大的花穗极具观赏性。花色有粉色、黄色、橙色、紫色等，非常丰富。原本是宿根草本植物，但在温暖地区很难渡夏，所以通常作一年生栽培。

株高：30cm~1.5m

花期：4~6 月

‘卡拉多纳’林荫鼠尾草

【唇形科 / 宿根草本植物（常绿）】

细长直立的花穗上开着密集的小花，数枝簇立。注意修剪可以使其花开不断，延长花期。成熟植株开花效果很壮观。紫色的‘卡拉多纳’林荫鼠尾草的茎叶偏黑，花色深邃，和任意花色的月季搭配都十分和谐。

株高：40~60cm

花期：4~7 月

紫柳穿鱼（*Linaria purpurea*）

【车前科 / 宿根草本植物（常绿）】

花穗细长优雅，可爱的小花密集开放。花色有白色、粉色、紫色等。蓝灰色的叶片也独具魅力。花后修剪可以不断开花。不耐夏季高温多湿的环境，容易枯死。自播繁殖。

株高：70cm~1m

花期：4~7 月

‘胡克红’毛地黄钓钟柳

【车前科 / 宿根草本植物（常绿）】

别致的紫叶让其作为观叶植物也非常具有人气。笔直深色的花茎是其观赏的重点，淡粉色花穗和叶色的对比也颇具魅力。保留残花可以自播繁殖。

株高：40~80cm

花期：5~6 月

月季春季花期之后到秋季花期之间的 7~11 月开花的花草

波斯菊【菊科 / 一年生草本植物】

波斯菊演绎出花园温柔可亲的氛围。最近，波斯菊的品种不断增加，花色和花型日益丰富。有早花和晚花品种。可以将两者的种子混合播种以延长观赏期。晚花品种即使提早播种也只是长高而并不开花，因此 7 月上旬播种即可。

株高：80cm~1m　　花期：7~11 月

巧克力秋英（巧克力波斯菊）

【菊科 / 宿根草本植物（落叶）】

具有巧克力的香气，独特的花色也非常受人追捧。不太耐夏季高温，但被广泛栽种。其中，'巧克力摩卡'的耐热性和抗病性都很优秀。

株高：30~50cm

花期：8~11 月

夏堇（蓝猪耳）

【母草科（玄参科）/ 一年生草本植物】

花色有紫色、粉色、白色等。花期长，小花一个接一个地开放。喜欢夏季高温，自播繁殖。

株高：15~25cm

花期：6~10 月

天蓝绣球（宿根福禄考）

【花荵科 / 宿根草本植物（落叶）】

株高较高，花序大，夏季能长时间开花。花色除了白色还有粉色、紫色等。虽然属于很强健的植物，但要注意白粉病。

株高：70~80cm

花期：6~8 月

千日红

【苋科 / 一年生草本植物】

园艺上常用的千日红属植物有花量大的千日红和花色鲜明的细叶千日红。细长的花茎顶端，一个个可爱的小花球次第绽放。花色有红色、橙色、粉色、紫红色、白色等。

株高：15~40cm

花期：5~11 月

和月季秋花同期的9~11月开花的花草

打破碗花花

【毛茛科 / 宿根草本植物（常绿）】

修长的花茎上开着充满野趣的花朵，随风摇曳，让人感受到秋天的风情。有白色和粉色的品种、单瓣和重瓣的品种，也有矮性品种。花后将花茎齐根修剪。

株高：30~80cm

花期：9~10月

墨西哥鼠尾草

【唇形科 / 宿根草本植物（半常绿）】

别名紫绒鼠尾草。特征是天鹅绒般的紫色花萼。因为在晚秋开放，所以株高容易过高，必要时可以在7月修剪，调整开花高度。

株高：60cm~1.5m

花期：10~11月

适合作为地被的植物

活血丹【唇形科 / 宿根草本植物（常绿）】

匍匐茎逐节生根，逐渐蔓生开来。园艺上常选用花叶品种，春天开出的花也很美。即使蔓生得太多也较容易拔除。栽种花叶品种时如果长出了绿叶的植株，建议拔除。

株高：5~10cm　花期：3~4月

观叶期：全年

匍匐筋骨草

【唇形科 / 宿根草本植物（常绿）】

有花叶等品种，强健、易栽培，适合作为全日照至半阴处的地被植物。春季开满紫色或者桃色花的样子，十分漂亮。

株高：5~10cm

花期：3~4月　观叶期：全年

野芝麻

【唇形科 / 宿根草本植物（常绿）】

有金叶、花叶等品种，在半阴处也能生长良好。春季开小花，颇惹人怜爱。稍不耐夏季高温多湿的环境。

株高：5~20cm

花期：4~9月　观叶期：全年

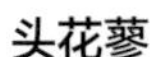

头花蓼

【蓼科 / 宿根草本植物（常绿）】

叶子是深色的，开粉色的球状小花。非常强健，自播繁殖。生长过于繁茂时可以适当修剪整理。稍不耐寒，霜冻天气地上部分会枯死。

株高：5~10cm

花期：7~11月

金叶过路黄

【报春花科 / 宿根草本植物（常绿）】

匍匐性生长，长速很快，鲜明的叶色让脚下的风景也变得明快轻盈。喜水，不耐干燥，避免种植在西晒以及夏日暴晒的场所。

株高：5~15cm

观叶期：4~11月

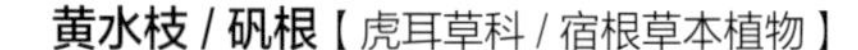

黄水枝 / 矾根【虎耳草科 / 宿根草本植物】

叶色十分丰富，有青柠色、紫色、琥珀色、银色等。适宜在半阴处栽种，春天开的花楚楚可人。栽种多年以后茎叶会过长，可以通过扦插更新植株。冠幅从小型到大型都有。黄水枝在冬季为半常绿，黄水枝和矾根的杂交品种被称为“x Heucherella”，常作为矾根的同类植物来销售及运用。

株高：30~60cm　花期：5~6 月　观叶期：3~11 月

褐红苔草（*Carex comans*）

【莎草科 / 宿根草本植物（落叶）】

俗称“发状苔草（Hairy Sedge）”，从根部延展出来的纤细叶片很具观赏性。茶色的‘青铜卷发’、灰绿色的‘冰霜卷发’两个品种被广泛栽种。长成大丛以后可分株栽种。冬季枯叶从根部修剪掉。

株高：20~50cm　观叶期：3~11 月

紫竹梅【鸭跖草科 / 宿根草本植物（常绿）】

与紫露草同属于紫露草属。叶色深紫色，因此适合作为重点色。十分强健，延伸性佳，株型杂乱的时候可适当修剪。稍不耐寒，霜冻天气叶片会枯萎，但根部能继续存活。

株高：30~50cm　花期：5~10 月

观叶期：4~11 月

紫叶鸭儿芹

【伞形科 / 宿根草本植物（常绿）】

别名黑叶鸭儿芹，是蔬菜鸭儿芹的紫叶园艺品种。因为美丽的叶色，近几年十分受欢迎。强健易栽培，播种繁殖。

株高：20~30cm

观叶期：4~11 月

‘黑龙’麦冬

【百合科 / 宿根草本植物（常绿）】

富有光泽的黑色叶片在其他植物中尤为引人注目。叶片能常年保持美丽，被广泛应用于阴生环境中。

株高：20~30cm

观叶期：全年

芒

【禾本科 / 宿根草本植物（落叶）】

花穗随风飘荡，能让人感受到浓浓秋意的植物。有花叶的园艺品种，并作为彩叶植物被广泛运用。叶缘很锋利，要当心割伤手。

株高：1~2m

观叶期：5~10 月

第4章 用月季和其他花草打造的样板花园

案例1

千叶县

玉村家的花园

和观叶植物组合，营造出让人印象深刻的花园景致

用平展状开花的月季来调和出和风的味道

庭院石和贴梗海棠（皱皮木瓜）构成和风画面。‘亮粉绝代佳人’月季株型紧凑，花型为平展状，营造出柔和的气氛，很贴合和风的味道。

原本就对园艺很感兴趣的玉村女士，打造月季和其他花草的花园，是从 7 年前搬到父母家那时候开始的。她把院子里之前种植的鸡爪槭等和风树木移动了位置，在以前盆栽的月季里加入新的品种，以打造月季和树木、花草调和的花园为目标。

打造花园时，颜色的搭配非常重要。应考虑每个区域的配色，通过控制颜色的数量来保证色彩的协调性。脚下组合种植叶片颜色和形状各异的彩叶植物，重点突出叶子之间的对比。将观叶植物、及膝高度的观花植物、植株较高的观花植物组合在一起，打造出如画的风景。

为了寻找更适合所选用的宿根草本植物品种生长的环境，每年都会进行种植场所的移动。有时移动的同时也会进行分株，所以植株不会老化。

这个花园中选用的月季品种大概有 60 个，这里面近一半种在二楼的阳台。长势很好的藤本月季会狠下心来做修剪，以控制大小。为了让月季开得更美，每年冬天修剪和牵引后会进行预防消毒，长花苞前再进行一次消毒。尽量让月季在春天开到极致，不在秋天开花，以免过度消耗。

用藤本月季和花园杂货打造的风景

在和邻居家的交界处立一面木板墙，墙上牵引着柔和色调的‘泡芙美人’月季，旁边的架子上摆满了花园杂货，打造出充满生活气息的风景。

◀用人气品种打造的风景是如此美丽

左页是初学者也很容易培育的人气月季品种‘安吉拉’、‘龙沙宝石’、‘晨曲梅地兰’等和奥莱芹（蕾丝花）、薰衣草、虾蟆花、叶色美丽的‘银龙’小头蓼等草花组合而成的风景，非常美丽。

收集喜欢的品种

正中间的毛地黄，是新品种‘波卡皮帕（Polkadot Pippa）’。可以通过网购买到喜欢的品种。

要点1 活用拱门和花格子架来立体地打造花园

在房屋的墙面、木板、棚架等处牵引藤本株型月季，使花园呈现出立体的景观。花园中央的拱门是双色的，给人留下强烈的印象。房屋的墙面紧靠着木质花格子架，与旁边的杂货搭配协调。

上：在房屋的墙壁处立着一个花格子架，上面牵引着‘保罗的喜马拉雅麝香’月季和‘龙沙宝石’月季。盆栽的月季是‘说愁’和‘追星者’。
右：将玫红色的‘粉色达芬奇’月季和白色的‘藤冰山’月季牵引到拱门上。

上：绿叶的玉簪和焦糖色叶的‘琥珀波浪’矾根的组合，叶色的对比很美。
左：叶子花纹很美的‘银龙’小头蓼、细穗的芒颖大麦草、斑叶的野芝麻等的组合。

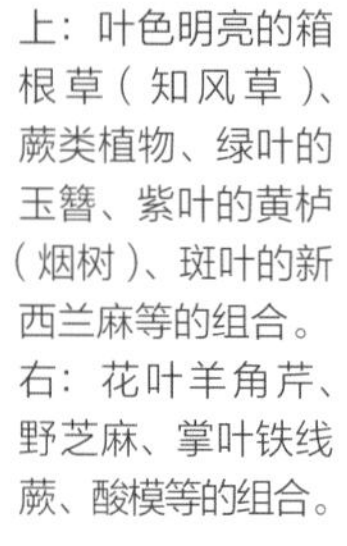

上：叶色明亮的箱根草（知风草）、蕨类植物、绿叶的玉簪、紫叶的黄栌（烟树）、斑叶的新西兰麻等的组合。
右：花叶羊角芹、野芝麻、掌叶铁线蕨、酸模等的组合。

要点2 选用不同叶色和叶形的植物给人以深刻的印象

月季和树的根部、小径两旁，都以彩叶植物为主打造。重点是相邻的彩叶之间形成叶色和叶形的对比。树荫处多种一些亮色叶子的植物，使其明亮起来。

要点 3 月季和铁线莲的颜色搭配很重要

藤本株型月季的好搭档是铁线莲。二者可采用同色系搭配、对比色搭配等，可以根据场所的不同选用不同的搭配方法。

对比色搭配

左上：‘冰山’月季和‘科尔蒙迪女士’铁线莲搭配。

左：‘吉莱纳·德·费利贡德（阿兹玛赫德）’月季和‘紫铃铛’铁线莲搭配。

右：‘洛可可’月季和‘查尔斯王子’铁线莲搭配。

同色系搭配

上：深紫红色的‘贾博士的纪念 / 忆贾曼博士’月季、小型花的‘保罗的喜马拉雅麝香’月季和‘美好回忆’铁线莲搭配。深紫红色起收敛作用，使整体风景张弛有度。

右：‘粉色达芬奇’月季和同色系的‘戴安娜王妃’铁线莲被牵引到拱门上。

白色和杏色、粉色搭配的角落。以拥有美丽渐变花色的‘菲利斯彼得’月季为主角，配以‘美智子皇后’月季、‘鸡尾酒’月季、奥莱芹（蕾丝花）、紫叶鸭儿芹等。前面是藤本月季‘洛可可’。

要点 4 有意识地统一颜色

在花园的每个角落都有意识地搭配同色系的植物，突出作为配角的白花、紫叶和金叶的植物。地被植物和穗状植物的使用也值得关注。

‘冰山’月季和奥莱芹（蕾丝花）的白色竞演。

以白色为基调的自然花园

秋山夫妇打造月季和其他花草的花园已经有 20 年了。他们在不断摸索的过程中，慢慢地完成了自己喜欢的花园。

秋山家的花园并不是很大，但因为巧妙地利用弯曲的小径引导视线，给人以秘密花园的印象。整个花园步移景异，充满了戏剧性。道路和花架等构造物是秋山先生亲手制作的。这座花园是通过夫妻俩的合作，耗费很多精力和时间打造出来的。

花园的基调是白色，加上一些辅色。辅色尽量使用蓝色等颜色，给人以高雅的印象。宿根草本植物和一年生草本植物也多种植开白花的。

右页的花架上牵引着‘白色龙沙宝石’月季和‘藤本夏雪’月季。通过将不同花型和花径的月季组合在一起，让白色的细微差异变得层次丰富起来。花架的脚下虽然也以白色系为基调，但搭配了有存在感的斑叶紫叶新西兰麻，让风景变得张弛有度。

以白色为基调的花园，在黄昏时白色弥漫开来，充满了梦幻的气氛。但是，面向道路的栅栏和停车场旁边的栅栏等这些从外面能看到的地方，为了让行人赏心悦目，还种植了粉色系的华丽月季。

利用小径创造空间

通向后院的小径。通过曲径通幽的方式强调了远近感，让庭院看起来比实际更宽敞。

悠然地牵引出的风景

‘杰奎琳·杜普蕾’月季被悠然地牵引至墙面上，与古董杂货搭配在一起，一个完美的角落就诞生了。

铁线莲丰富了白色世界

有着清秀气质的佛罗里达铁线莲，给白色的世界带来了变化。

加上粉色作为重点色

停车场旁边的栅栏以‘雪天鹅’等白色月季为中心，搭配鲑鱼粉色的‘保罗·特兰森’月季增添华丽感。月季脚下种植着‘胡克红’毛地黄钓钟柳和‘银色春天’大花葱等草本植物。

从侧面看花架，上面牵引了‘白色龙沙宝石’月季和‘藤本夏雪’月季。右边的金合欢树上牵引了‘温彻斯特大教堂’月季，脚下有风铃草、‘硫黄’硬毛百脉根、‘绿色魔法师’金光菊等。地被植物是活血丹。

‘勒布朗 / 乐柏’月季

‘阿利斯特 · 斯特拉 · 格雷’月季

‘藤本夏雪’月季

要点 1
白花加上浅色就不平淡了

月季以白色为基调，加入浅粉色和浅杏色等颜色。因为有很多花型柔和的品种，所以整个花园弥漫着轻柔的氛围。搭配的花草可以使用淡蓝色或带有斑点的地被植物，让整个花园变得轻盈起来。

‘罗斯迪韦’月季

‘洛可可’月季

‘温彻斯特大教堂’月季

‘弗朗辛 · 奥斯汀’月季

‘白色龙沙宝石’月季

左：开满门扉的‘泡芙美人’月季。右：‘克里斯多夫’月季和‘蒂利耶先生’月季。

要点 2
沿路的栅栏有意识地用上华丽的花色

为了让行人们赏心悦目，沿路的栅栏选种了花朵数量多、气氛华丽的中型花月季。玄关牵引着像华盖一样的‘泡芙美人’月季，散发出甜美的麝香味道，迎接着来访者。

要点3

为了与月季互相映衬，厨房花园的叶色选用也很考究

厨房门口的旁边，有一个小花园。这里牵引着美丽的‘杰奎琳·杜普蕾’月季，并搭配杂货做成了一个特色角落。月季脚下还种植了叶色明亮的散叶莴苣和花叶撒尔维亚（药用鼠尾草），和月季形成了美丽的对比。古董窗做成的简易框架也很引人注目。

给秋山家的花园增色的各种花草

奥莱芹（蕾丝花）
【伞形科/一年生草本植物】
4~6月开蕾丝状的花，和月季非常相配。

荆芥（猫薄荷）
【唇形科/宿根草本植物】
在春秋两季，穗状花簇生在一起，像蓝色地毯一般。

花烟草
【茄科/多年生作一年生栽培】
5~10月，在挺直的茎上开出白色、绿色、红色的星形花。

毛地黄
【车前科/宿根草本植物】
吊钟状的花组成高大的花穗，很有存在感。花期是5~7月。

新西兰麻
【龙舌兰科/宿根草本植物】
魅力在于其锐利的叶子。上图中是一个紫色叶子上有粉色镶边的美丽品种。

法兰绒花
【伞形科/宿根草本植物】
魅力在于细毛密集的白色花朵和银叶非常协调。能从春天开到秋天。

大戟
【大戟科/宿根草本植物】
叶子虽然有各种各样的颜色，但是为了搭配白色月季，选择了带白色镶边的品种。

飞燕草
【毛茛科/多年生作一年生栽培】
4~7月大穗花朵开放，花色多为蓝色等冷色系的颜色。

案例 3
千叶县
桥本家的花园

充分利用立体空间

墙上牵引着‘科尼利亚’月季，前面是‘蝴蝶’月季。脚下是作为地被植物的加勒比飞蓬。

左：深紫色的铁线莲和深浅粉色月季的对比很美。
右：用金叶的高山悬钩子、紫叶的矾根和银叶菊等营造出来的叶色变化。

要点 1

纵深狭窄的花坛里种上几种月季和宿根草本植物

虽然是纵深约 30cm 的狭窄花坛，但光照很好。
在房屋的墙壁上牵引月季和铁线莲，
充分利用了立体空间。
脚下种植着以观叶植物为主的宿根草本植物。

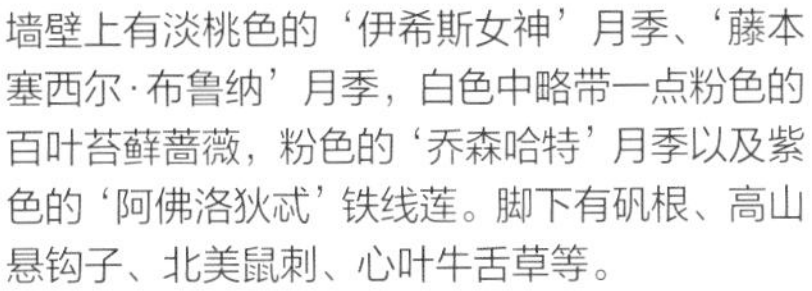

墙壁上有淡桃色的‘伊希斯女神’月季、‘藤本塞西尔·布鲁纳’月季，白色中略带一点粉色的百叶苔藓蔷薇，粉色的‘乔森哈特’月季以及紫色的‘阿佛洛狄忒’铁线莲。脚下有矾根、高山悬钩子、北美鼠刺、心叶牛舌草等。

桥本家的花园里有土的地方很少，条件不是很好。但是在很少的空地上，立体地活用了空间，使每个角落都呈现出了给人印象不同的月季和其他花草搭配和谐的风景。

左页的图片展现的是沿街的地方。在栅栏附近约 1 平米见方的泥土处种植了中型花的藤本月季‘科尼利亚’，并将其牵引到墙壁上。前面是‘蝴蝶’月季，四季开花，在开花过程中花色会发生变化，整株上的花会呈现出美丽的渐变。DIY 的架子上放置的小物件、盆栽，和‘蝴蝶’月季脚下的地被植物等非常协调，形成了和谐的风景。

停车位的一角有个纵深狭窄的花坛，在墙壁和栅栏上牵引着藤本月季。脚下种着彩叶植物和山野草，自然的气氛油然而生。

左：在高高的栅栏上牵引着深紫红色的‘黎塞留主教’月季、粉色的‘路易欧迪’月季以及双色的‘变色（Versicolor）’铁线莲。脚下有粗齿绣球和兔儿伞等。
下：屋后的狭窄小路边的栅栏上牵引着‘繁荣’月季。

要点 2

无土空间用“架高花池”来解决

在没有土的空间堆上石材，放入营养土，
做成“架高花池”（有一定高度的种植空间）状。
以放置在与邻居交界处的栅栏为背景，营造出自然的风景。
古董杂货和花园装饰品是这个空间的重点。

案例4

埼玉县

筱家的花园

讲究月季的花色搭配，整体色彩细腻高雅

中心小岛部分的树状月季是‘蔷薇之海’，其周围是棕色系的‘空蝉’月季、‘尼基塔’月季，以及紧凑型的‘小紫’月季等。羽叶薰衣草、矾根、芸香等点缀在下面。

月季从右向左分别是‘梦紫’‘银影’‘红茶’。栅栏上是‘完美的爱（Parfait Amour）’月季。脚下种着两种颜色的石竹和玉簪，统一了色彩感。

尽管选用了多种颜色的月季，却有着统一感和高雅感，这是为什么呢？筱女士把这个答案归结为“对和风颜色的讲究”。为了从日式房间的角度看也不会有违和感，根据和服的颜色搭配选择了月季品种。

选用的品种以日本育种家培育的品种为主。为了使花园在月季不开花的季节也能保持美丽，用观叶植物装饰了月季的脚下。

为了让花园能稍微通风，特意在正中间种了草坪，栅栏也采用了有利于通风的构造。庭院周围围绕着小路的一圈花坛抬高了一些，确保了通风效果。主人原来很憧憬英式花园，但是因为夏天高温多湿只好放弃了，现在渐渐地变成了以月季为主的花园。

“和风的颜色没有花哨的感觉，百看不厌”，筱女士这么说。月季开花的季节她都不舍得离开院子。

‘西班牙美女’月季（牵引到房屋的侧面）

‘米卡摩’月季（牵引到拱门上）

‘蓝色梦想’月季

要点 1

空间宽敞 通风良好

在庭院中央设置草坪区域，以确保通风良好。
道路的面积也比较多。要让花园的风景更优美，
与其用花来填满，不如适当留白，反而能让人觉得更宽敞。

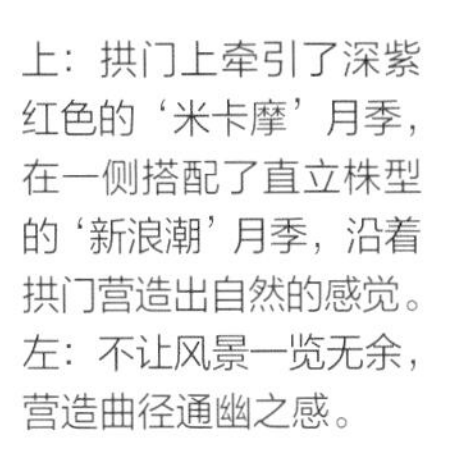

上：拱门上牵引了深紫红色的‘米卡摩’月季，在一侧搭配了直立株型的‘新浪潮’月季，沿着拱门营造出自然的感觉。
左：不让风景一览无余，营造曲径通幽之感。

拥有棕色到紫色渐变花色的‘禅’月季和‘遥远的鼓声’月季，与橙色的‘圣雷默’月季完美搭配。脚下粉色的非洲菊是重点。

‘禅’月季

‘新浪潮’月季

要点 2

选用和风花色，即使颜色很多，也能给人雅致之感

雅致的和风花色的月季，即使选用的颜色很多，
也不会有花哨的感觉，反而给人一种统一感。
打造出一个华丽与沉稳并存的
和风月季和其他花草共生的花园。

‘空蝉’月季

案例5

千叶县
加藤家的花园

利用高低差来使空间看起来更宽敞

在拱门和花格子架上牵引着‘普朗夫人’月季、‘维多利亚女王’月季和‘爱丁堡公爵夫人’铁线莲。脚下有薰衣草、常春藤、景天、蔓长春花、矾根、角堇、蔓马缨丹、加勒比飞蓬等。

上：活用和风树木的花园。青柠绿色的矾根、金叶日本小檗、白花的飞燕草增添了明亮感。下左：金叶的高山悬钩子使脚下明亮起来。

要点 1

用大量的观叶植物和宿根草本植物把松树和月季连接起来

对松树和山茶等原本就有的和风树木进行修剪、整形，确保良好的通风和光照。多种一些宿根草本植物和观叶植物，就不会有违和感，看起来和月季很协调。

上：‘你的眼睛’月季和毛地黄、翠雀搭配和谐。
左：玉簪、矾根、肺草和金叶日本小檗等。

加藤在保留父母珍视的和风庭园的韵味的基础上，打造出了这座月季和其他花草的花园。在这里，松树和山茶这些和风树木和月季完美地组合在一起。

“在树荫下的地方，可以做成架高花池来提升高度。这样，园艺工作做起来会更方便，形成的高低差也会使风景变得张弛有度，让花园看起来比实际面积要大。”

为了不让花园显得暗淡，也花心思种上了金叶植物和白花的宿根草本植物。月季选用的都是和房子墙壁颜色相协调的花色。

因为通风和光照等条件都不是很好，为了健康地培育植物，土比什么都重要。在冬天，会把马粪堆肥、米糠、牡蛎壳、树皮堆肥、稻壳炭等混合在一起，配成营养土。生长不良的月季可以种到花盆里管理，或者挖起来重新种植到其他地方。

要点 2

墙面和月季的颜色搭配，呈现出高雅的风景

配合房屋墙壁的颜色，在墙壁上牵引杏色和柔粉色的月季。柔和的色调和风景很搭。在花架脚下种植着有锐利叶子的新西兰麻。

‘格拉汉托马斯 / 格拉汉姆·托马斯’月季

墙壁附近牵引着和墙壁颜色接近的‘格拉汉姆·托马斯’月季、‘藤本粉色雪纺’月季和‘克莱尔·奥斯汀’月季。

月季品种索引

其他花草索引

河合伸志

月季育种家。出生于埼玉县与野市（现埼玉市）。千叶大学研究生院园艺学研究科毕业。18岁开始培育月季，担任过大型种苗公司的研究员等，之后作为自由职业者活跃在业界。在独特花色的月季培育以及与花草的色彩搭配方法等方面得到公认。现在以横滨英国花园为据点，在育种、各地月季园的种植规划和管理顾问、各地的演讲活动等方面活跃着。在NHK的《趣味园艺》等电视节目中多次出镜，著有《月季大图鉴 / バラ大図鑑》（主编，NHK出版）、《想知道更多！月季栽培和修剪讲座 / もっと知りたい！バラ栽培と剪定講座》（芸文社）等多部著作。

企划编辑：马特尔舍、筱藤百合、秋元敬子

摄　　影：竹田正道

照片提供：河合伸志、入谷伸一郎

插　　图：梶村友美

设　　计：高桥美保

特别合作：横滨英国花园

横滨英国花园园艺师（永井启太郎、远藤美佐、小林真理子、黑田智史）

tvk通信株式会社、神奈川电视台株式会社、A绿花株式会社

合　　作：大森植物株式会社、京成月季园艺株式会社、花之心株式会社

协助采访：秋山优子、加藤靖子、筱留理子、玉村仁美、桥本景子、“吾亦红”民宿